EUL VERLAG

Reihe: Marketing · Band 71

Herausgegeben von Prof. Dr. Heribert Gierl, Augsburg, Prof. Dr. Roland Helm, Regensburg, Prof. Dr. Frank Huber, Mainz, und Prof. Dr. Henrik Sattler, Hamburg

Prof. Dr. Frank Huber
Dr. Frederik Meyer
Dr. Julia Hamprecht
Jasmin Fabian

Adaption gesellschaftlicher Trends durch Markentransfers

Eine empirische Analyse zur Identifikation relevanter Stellhebel für die Imageaktualisierung

EUL VERLAG

Bibliografische Information der Deutschen Nationalbibliothek

Die Deutsche Nationalbibliothek verzeichnet diese Publikation in der Deutschen Nationalbibliografie; detaillierte bibliografische Daten sind im Internet über <http://dnb.d-nb.de> abrufbar.

ISBN 978-3-8441-0449-3
1. Auflage März 2016

JOSEF EUL VERLAG GmbH
Brandsberg 6
53797 Lohmar
Tel.: 0 22 05 / 90 10 6-6
Fax: 0 22 05 / 90 10 6-88
E-Mail: info@eul-verlag.de
http://www.eul-verlag.de

Bei der Herstellung unserer Bücher möchten wir die Umwelt schonen. Dieses Buch ist daher auf säurefreiem, 100% chlorfrei gebleichtem, alterungsbeständigem Papier nach DIN 6738 gedruckt.

Vorwort

Die Relevanz des Images einer Marke wird aufgrund zunehmender Produkthomogenität und Substituierbarkeit von Marken immer offensichtlicher. Unternehmen versuchen gezielt, Markenimages zu generieren, die sich von der Konkurrenz abheben. In dieser Hinsicht ist derzeit ein regelrechter Boom in Bezug auf den Begriff Lifestyle-Marke zu verzeichnen. Eine mögliche Strategie zur Generierung eines erweiterten, verbesserten Markenimages und damit zur Umpositionierung der Marke stellt die Markentransferstrategie dar. Diese sieht sowohl die Übertragung positiver Merkmale der Muttermarke auf den Markentransfer als auch die Rückübertragung positiver Imagebestandteile des Markentransfers auf die Muttermarke vor. Es stellt sich die Frage, ob die Rückwirkungen eines Markentransfers die Umpositionierung der Muttermarke zur Lifestyle-Marke bewirken können und welche Größen dabei eine Rolle spielen.

Basierend auf diesen Überlegungen, wird ein kausalanalytisches Modell entwickelt, das die Beeinflussung des Muttermarkenimages durch Komponenten des Markentransfers untersucht. Zur empirischen Überprüfung des Modells wird die Marke McDonald's und ihre Markenerweiterung McCafé herangezogen. Die Ergebnisse zeigen, dass die Rückwirkungseffekte des Markentransfers die Generierung des Lifestyle-Markenimages der Muttermarke bewirken. Als positive Auswirkung der Wahrnehmung als Lifestyle-Marke resultiert eine positive Mundpropaganda der Konsumenten in Bezug auf diese Marke. Besondere Beachtung muss dem Fit zwischen der Muttermarke und dem Markentransfer geschenkt werden. Wird der Fit als tendenziell gering von den Konsumenten beurteilt, übt dieser keinerlei positive Rückwirkungen auf die Generierung des Lifestyle-Markenimages der Muttermarke aus. Neben einem hohen Fit sollten Unternehmen ebenso eine Ausrichtung des Markentransfers an den aktuellen Konsumententrends anstreben. Außerdem sollten zusätzlich die Muttermarkenassoziationen gestärkt bzw. unter Berücksichtigung der entsprechenden Zielgruppe justiert werden, um somit die Kongruenz zwischen ihrem Selbstkonzept und dem Markenimage zu steigern. Die Möglichkeit der Wahrnehmung einer Marke als Lifestyle-Marke kann damit forciert werden.

Mainz, im Februar 2016

Frank Huber
Frederik Meyer
Julia Hamprecht
Jasmin Spira

Inhaltsverzeichnis

Abbildungsverzeichnis

Tabellenverzeichnis

Abkürzungsverzeichnis

DEV	durchschnittlich erfasste Varianz
H	Hypothese
LMI	Lifestyle-Markenimage
LISREL	Linear Structural Relationship
MA	Markenattribute
MM	Muttermarke
MN	Markennutzen
MP	Markenpersönlichkeit
MS	Markenstärke
MT	Markentransfer
MU	Mundpropaganda
OLS	Ordinary Least Squares
PLS	Partial Least Squares
VIF	Variance Inflation Factor

1 Zur Relevanz von Markentransfers zum Zweck der Umpositionierung von Marken

Im Zeitalter zunehmender Produkthomogenität ist es nicht erstaunlich, dass zwei Drittel der deutschen Konsumenten Marken als austauschbar wahrnehmen.[1] Dieses alarmierende Ergebnis betont die steigende Bedeutung des Images einer Marke. Ein einzigartiges und unverwechselbares Markenimage birgt die Chance einer deutlichen Differenzierung der Marke von bestehenden Konkurrenzmarken und somit der Generierung von Wettbewerbsvorteilen.[2] Das Ziel der Markenführung muss demnach im Aufbau einer außergewöhnlichen Positionierung der Marke in der Wahrnehmungswelt der Konsumenten liegen. Einen regelrechten Boom erfährt in dieser Hinsicht zurzeit der Begriff der Lifestyle-Marke. Wurden früher Mode- und Accessoire-Hersteller mit Lifestyle in Beziehung gebracht, ist dieser Begriff heutzutage branchenübergreifend vorzufinden.[3] So sieht sich *MINI* als „die coolste automobile Lifestyle-Marke", [4] *Apple* wird eine erfolgreiche Wandlung „vom Computerbauer in eine Lifestyle-Marke" zugesprochen[5] und *Puma* entwickelte sich von einem „maroden Loser-Label zu einer der begehrtesten Sport-Lifestyle-Marken der Welt".[6]

Eine mögliche Strategie zur Umpositionierung einer Marke stellt die Markentransferstrategie dar.[7] Diese sieht den Eintritt in eine neue Produktkategorie unter Verwendung des etablierten Markennamens vor.[8] In den letzten zwei Jahrzehnten folgten immer mehr Unternehmen dieser Strategie. So wuchs in den Jahren zwischen 1977 und 1984 der Anteil der Markentransfers im Handel von 40 % auf etwa 96 % im Jahr 1994. Ziel der Ausdehnung der Muttermarke mittels einer Markentransferstrategie, im Gegensatz zu einer Neumarkenstrategie ist, neben der Übertragung positiver Merkmale der Muttermarke auf den Markentransfer, auch die Rückübertragung einzelner Imagebestandteile des Markentransfers auf die Muttermarke.[9] Diese positiven Rückwirkungseffekte des Markentransfers sollen gezielt das Markenimage der Muttermarke stärken bzw. verbessern.[10]

[1] Vgl. Sander/Friedrichs/Hunfeld (2009), S. 1.
[2] Vgl. Farsky (2007), S. 1.
[3] Vgl. Grannemann (2003), S. 7.
[4] Vgl. Armbrecht (2009).
[5] Vgl. Lehm (2008).
[6] Vgl. Peters (2007).
[7] Vgl. Sattler/Völckner (2006), S. 55.
[8] Vgl. Aaker/Keller (1990), S. 27; Esch/Fuchs/Bräutigam (2000), S. 673 f.
[9] Vgl. Günther (2002), S. 7.
[10] Vgl. Aaker (1990), S. 49; Romeo (1991), S. 399.

Doch ist ein Markentransfer auch fähig, der Muttermarke zu einem Lifestyle-Markenimage zu verhelfen? Welche Assoziationen muss ein Markentransfer bei den Konsumenten hervorrufen, um das Muttermarkenimage in Richtung einer Lifestyle-Marke zu verändern? Welche Bedeutung kommt der Muttermarke selbst zu, wenn es darum geht, Rückwirkungseffekte eines Markentransfers zur Generierung des Lifestyle-Markenimages zu identifizieren? Bisherige Studien zu Rückwirkungseffekten von Markentransfers überprüfen als mögliche Zielgröße das Markenimage der Muttermarke, auf seine positive oder negative Veränderung nach einem Markentransfer. Die Möglichkeit einer tatsächlichen Umpositionierung der Muttermarke, aufgrund der Markenausdehnung und der damit einhergehenden Imageveränderung, wird dabei vernachlässigt. Zudem werden meist Untersuchungsobjekte aus dem Konsumgüterbereich für die Überprüfung herangezogen. Dienstleistungsmarken sind in empirischen Untersuchungen dagegen weniger stark Fokus der Betrachtung. Dabei steigt der Anteil der Dienstleistungsmarken stetig. Im Verhältnis zur Gesamtheit der Markenneuanmeldung in Deutschland, lag der Anteil der Dienstleistungsmarken im Jahr 1995 bei etwa 20 % und im Jahr 2010 bei ca. 47 %,[11] wodurch die Relevanz der Dienstleistungsmarken betont wird. Ferner basieren bisherigen Studien vorwiegend auf hypothetischen Markentransfers, weshalb Verzerrungen in den Befunden zu vermuten sind und die Übertragbarkeit der Ergebnisse eingeschränkt ist.[12] Die Intention des vorliegenden Buches besteht darin, einen Beitrag zur Schließung dieser Forschungslücken zu leisten.

Eine Marke, die das Kriterium der Dienstleistungsmarke und eines realen Markentransfers erfüllt sowie zusätzlich ein Lifestyle-Markenimage anstrebt,[13] ist in der Marke McDonald's zu finden. Das Fast Food-Unternehmen versucht seit geraumer Zeit, das Image einer Lifestyle-Marke aufzubauen. Mit der stetigen Überarbeitung des Sortimentes und der Einführung gesundheitsbewusster Alternativen zu Hamburger und Pommes Frites wird auf die veränderten Konsumentenbedürfnisse reagiert. Neben den Produktlinienerweiterungen setzt das Unternehmen nun auch seit 2003 auf eine Markenerweiterung, die vergleichsweise positivere Rückwirkungen auf die Muttermarke verspricht.[14] Konsequenterweise wird versucht, den Trend von Kaffee als Lifestyle-Getränk zu nutzen. Kaffe ist, in den letzten Jahren, vom reinen Bohnenkaffe zum Trendgetränk avanciert mit dem Resultat, dass unzählige stylische

[11] Vgl. Bruhn/Stauss (2008), S. 8; o.V. (2011).
[12] Vgl. Günther (2002), S. 194; Kaufmann (2006), S. 11.
[13] Vgl. McDonalds (2008), S. 2.
[14] Vgl. Kaufmann (2006), S. 33 f.

Coffeeshops wie Pilze aus dem Boden schießen.[15] In Großstädten findet sich heute an jeder Ecke ein modernes Lifestyle-Kaffeehaus.[16] So hat das Unternehmen sein Angebot um die Markenerweiterung McCafé ausgedehnt, ein Shop im Shop-Konzept, das vorsieht, eine Kaffeelounge in die McDonald's Restaurants zu integrieren. Deutschlandweit wurde dies bis Ende 2010 in 51 % der McDonald's Restaurants umgesetzt.[17] Der Fast Food-Konzern entspricht damit der modernen Kaffeekultur. Kaffee ist chic und gilt als Teil des Lifestyles.[18] Es stellt sich die Frage, ob die Markenerweiterung McCafé, aufgrund ihrer Rückwirkungseffekte, die Muttermarke McDonald's in Richtung einer Lifestyle-Marke verändern und damit die Umpositionierung der Marke forcieren kann?

Mit Fokus auf diesen Sachverhalt besteht das Anliegen des vorliegenden Buches in der Ermittlung des Rückwirkungseffekts eines Markentransfers, mit dem Ziel, das Image der Muttermake als Lifestyle-Marke aufzuladen. Welche Komponenten des Markentransfers hierbei von Bedeutung sind und welche Wirkung die Muttermarke selbst besitzt, muss überprüft werden. Von Interesse in diesem Zusammenhang ist ebenfalls, ob die Markenvertrautheit der Konsumenten mit dem Markentransfer sowie die wahrgenommene Übereinstimmung mit der Muttermarke eine Auswirkung auf die Rückwirkungseffekte des Markentransfers besitzen. Das vorliegende Buch strebt die Beantwortung dieser Fragen an. Hiernach setzt es sich als Aufgabe, bisherige wissenschaftliche Erkenntnisse, hinsichtlich der Rückwirkungseffekte von Markentransfers, auf das Muttermarkenimage zu erweitern.

Vor diesem Hintergrund werden in Kapitel 2 die begrifflichen und konzeptionellen Grundlagen zum Markenimage und zum Markentransfer, als den Kernelementen dieser Arbeit, dargelegt. Zur Verdeutlichung des, in diesem Buch zugrundegelegten, Lifestyle-Markenimage-Verständnisses, wird das Markenimage hinsichtlich seiner Struktur, seiner Einordnung innerhalb der Markenführung sowie seiner Speicherung und Repräsentation im Gedächtnis der Konsumenten beleuchtet. Ebenso wird auf die aktuellen Trends im Konsumentenverhalten eingegangen, da diese einen beachtlichen Beitrag zur Wahrnehmung einer Marke als Lifestyle-Marke leisten. Weiter wird, mit Augenmerk auf den Markentransfer, sowohl für die Markenarchitektur als auch für die verschiedenen Formen des Markentransfers ein theoretischer Grundstock gelegt. Deiesem schliest sich die Beschreibung des Einordnungsprozesses

[15] Vgl. Seehusen, (2005), S. 12.
[16] Vgl. Küsell (2006), S. 37.
[17] Vgl. McDonalds (2010).
[18] Vgl.o.V. (2008).

neuer Markentransfer-Informationen im Gedächtnis des Konsumenten mittels der Kategorisierung an. Neben den Chancen und Risiken der Transferwirkung auf die Markenerweiterung wird insbesondere den Rückwirkungen des Markentransfers auf die Muttermarke Beachtung geschenkt. Schließlich wird das Kapitel mit einer Übersicht über die bisherige Forschung sowie die bisher identifizierten Einflussfaktoren auf die Rückwirkungseffekte von Markentransfers beendet.

Kapitel 3 dient der Konzeptionalisierung des Untersuchungsmodells, das die Rückwirkungen des Markentransfers auf das Muttermarkenimage als Lifestyle-Marke analysiert. Der kognitionspsychologische Prozess der Einstellungsbildung zum Markentransfer sowie weitere Theorien dienen der Herleitung der Einflussfaktoren des Lifestyle-Markenimages und der aus dem Lifestyle-Markenimage resultierenden Größe der positiven Mundpropaganda. Ferner werden mögliche exogene Einflüsse auf die postulierten Zusammenhänge untersucht.

Die empirische Überprüfung des hergeleiteten Untersuchungsmodells findet in Kapitel 4 eingehende Betrachtung. Nachdem das verwendete Analyseverfahren beschrieben ist, wird die vorgenommene Konzeption der Studie erläutert. Das Untersuchungsmodell wird hinsichtlich seiner Güte und die aufgestellten Hypothesen bezüglich ihrer Signifikanz überprüft, um darauf aufbauend eine aussagekräftige Interpretation der Ergebnisse sowie Implikationen für Theorie und Praxis ableiten zu können.

Das Buch schließt mit dem 5. Kapitel, welches die wichtigsten Ergebnisse und abgeleiteten Handlungsempfehlungen zusammenfasst und abschließend einen Ausblick für die Marketingwissenschaft, mit Fokus auf das Forschungsgebiet von Markentransfers zur Umpositionierung einer Marke, gibt.

2 Bedeutung von Markentransfers und ihr Einfluss auf das Image als Lifestyle-Marke

2.1 Grundlagen zum Markenimage

2.1.1 Begriff und Struktur des Markenimages

Das Image einer Marke ist mit Blick auf die Markenführung von großer Bedeutung, denn es beeinflusst den Beurteilungsprozess von Individuen bei Kaufentscheidungen maßgeblich.[19] Ein positives Markenimage kann zu einer positiveren Reaktion des Konsumenten in Bezug auf die unter der Marke angebotenen Produkte führen.[20] Die Relevanz des Markenimages im Hinblick auf die mit der Marke assoziierte Produktwahrnehmung konnten *Chernatony und McDonald*[21] eindeutig, am Beispiel eines Blind-Tests der Marken Coca-Cola und Pepsi-Cola, belegen. Bei blinder Verköstigung wurde die Marke Pepsi-Cola von den Probanden bevorzugt, bei offener Verköstigung gab die Mehrheit der Probanden jedoch der Marke Coca-Cola den Vorzug.[22]

Allgemein wird das Markenimage als „perceptions about a brand as reflected by the brand associations held in consumer memory" definiert.[23] Es repräsentiert somit das „Ergebnis der individuellen, subjektiven Wahrnehmung und Dekodierung aller von dem Nutzenbündel Marke ausgehenden Signale (…)"[24] (und) „(…) bezieht sich insbesondere auf die Bewertung der Eignung dieser Marke zur Befriedigung individueller Bedürfnisse".[25] Grundsätzlich wird davon ausgegangen, dass es sich beim Markenimage um ein mehrdimensionales Einstellungskonstrukt handelt.[26] Diese Mehrdimensionalität resultiert daraus, dass mehrere voneinander unabhängige Assoziationen mit einer Marke verknüpft sein können. Die grundlegenden Dimensionen sind in diesem Zusammenhang Denotationen und Konnotationen. Denotationen bezeichnen sachhaltige Assoziationen und stehen in direktem Zusammenhang mit Produktmerkmalen. Konnotationen stellen dagegen die emotionalen Assoziationen gegenüber der Marke dar. Sie sind im Allgemeinen unabhängig von den funktionsbezogenen Leistungselementen.[27]

[19] Vgl. Weers (2008), S. 36.
[20] Vgl. Langner (2003), S. 21.
[21] Vgl. Chernatony/McDonald (1992).
[22] Vgl. Herrmann/Huber (2009), S. 208.
[23] Keller (1993), S. 2.
[24] Meffert/Burmann/Kirchgeorg (2008), S. 364.
[25] Meffert/Burmann/Kirchgeorg (2008), S. 364.
[26] Vgl. Kroeber-Riel/Weinberg (2003), S. 168 ff.; Meffert/Burmann/Kirchgeorg (2008), S. 364.
[27] Vgl. Weers (2008), S. 37.

Die Struktur des Markenimages ist durch die Wahrnehmung und Beurteilung der Assoziationen gekennzeichnet.[28] Ein Verbraucher verbindet mit einer Marke eine Fülle von Assoziationen. Jedoch finden nur wenige dieser Assoziationen für die Wahrnehmung und Beurteilung einer Marke Berücksichtigung.[29] Dieser Teil des Markenimages wird als Markenkern bezeichnet, wobei hinsichtlich des Begriffs keine einheitliche Definition bzw. Auffassung existiert.[30] Die übrigen Assoziationen haben einen untergeordneten Einfluss und bilden somit den Teil des Peripheren Images.[31] Der *Markenkern* beinhaltet folglich Assoziationen, die konstant einer Marke zugeordnet werden und repräsentiert somit das fortwährende Wesen der Marke.[32] In Anlehnung an Keller kann der Markenkern bzw. die Kern-Assoziationen des Images, anhand ihrer Stärke und subjektiven Wichtigkeit der Assoziationen, vom Peripheren Image abgegrenzt werden.[33] Die Stärke, mit der eine Assoziation an die Marke gebunden ist, wird dabei als Assoziationsstärke bezeichnet. Kommt ein Verbraucher mit einer Marke in Kontakt bestimmt die Assoziationsstärke, welche Assoziationen überhaupt und mit welcher Stärke diese aktiviert werden. Nur wenn eine Assoziation beim Konsumenten aktiviert wird, hat sie einen Einfluss auf die Wahrnehmung und Beurteilung einer Marke. Assoziationen, die über eine hohe zeitliche Kontinuität verfügen und demzufolge viele Jahre unverändert bleiben, können eine hohe Assoziationsstärke mit der Marke entwickeln, was wiederum eine nachhaltige Beeinflussung der Wahrnehmung und Beurteilung dieser Marke beim Verbraucher zur Folge hat.[34] Die subjektive Wichtigkeit der Assoziationen bezieht sich auf die Informationsfunktion der Marke für den Verbraucher, die wiederum in eine Orientierungsfunktion und eine Entscheidungshilfefunktion untergliedert werden kann. Dabei werden unter der Orientierungsfunktion hauptsächlich die deskriptiven oder Verwendungszweck-Assoziationen einer Marke zusammengefasst, die dem Verbraucher die Einordnung der Marke in die Produktwelt ermöglichen. Die Entscheidungshilfefunktion umfasst dagegen die Assoziationen, die konkrete Leistungsvorteile hervorheben und dadurch die Auswahl zwischen verschiedenen Alternati-

[28] Vgl. Günther (2002), S. 118.
[29] Vgl. Kroeber-Riel/Weinberg (2003), S. 285.
[30] Es existiert eine Vielzahl von artverwandten Begriffen, wie bspw. Core-Identity, Brand Essence, Marken-identität, etc. Vgl. hierzu Aaker (1996), Macrae (1996), Becker (1998), Pitta/Katsanis (1995), De Chernatony/McDonald (1998), Andrew (1998), Grossman (1994).
[31] Vgl. Günther (2002), S. 119.
[32] Vgl. Aaker (1996), S. 85 f.
[33] Vgl. Keller (1993), S. 94.
[34] Vgl. Günther (2002), S. 120 f.

ven des Relevant Sets[35] des Verbrauchers unterstützen. Bezüglich der Wahrnehmung und Beurteilung einer Marke hat der Markenkern demzufolge eine herausragende Bedeutung.[36]

Das *Periphere Image* besitzt gegenüber dem Markenkern eine Unterstützungsfunktion und weist eine geringere assoziative Bindung an die Marke sowie eine geringere Relevanz hinsichtlich der Informationsfunktion derselben auf. Die Abgrenzung zwischen Markenkern und peripherem Image verläuft dabei fließend.[37] Eine Abstimmung der Assoziationen des Peripheren Images mit dem Markenkern ist der Fast Food-Marke *McDonald's* gelungen. Die Markenkern-Assoziationen einer Fast Food-Kette, im Sinne einer familien- und kinderfreundlichen Atmosphäre, werden hier durch ein strukturiertes Peripheres Image unterstützt. So gründete *McDonald's* einen Kinderhilfs-Fonds, bietet Kindergeburtstagsfeiern im Restaurant an und unterstützt mit der Werbefigur *Ronald McDonald* gezielt die Familien- und Kinderorientierung des Unternehmens.[38] Allgemein weist das Periphere Image, im Gegensatz zum Markenkern, teilweise eine geringe zeitliche Stabilität auf, da etwa bestimmte Details von Werbekampagnen im Zeitablauf immer wieder verändert werden. Dies ermöglicht dem Unternehmen, „dem Markenimage eine gewisse Dynamik und Modernität zu verleihen, ohne dabei die eigentlichen Markenkern-Assoziationen verändern zu müssen".[39]

Die Einordnung des Markenimages innerhalb der Markenführung sowie die Beschreibung seiner Dimensionen erfolgt im nachfolgenden Kapitel.

2.1.2 Einordnung des Markenimages im identitätsbasierten Markenführungsansatz

Das heutige Markenverständnis hat sich aus langer Tradition heraus entwickelt. Eine verstärkte Wettbewerbsorientierung führte Mitte der 1970er Jahre zu einem damals neuen, nachfrageorientierten Markenverständnis. Dieser verhaltens- oder auch imageorientierte Ansatz fokussierte den „Einfluss der Markenführung auf den Nachfrager und dessen Einstellung zur Marke".[40] Als State of the Art ist gegenwärtig der identitätsbasierte Ansatz anzusehen,[41] der aus einer konzeptionellen Weiterentwicklung des verhaltensorientierten Ansatzes der Marken-

---

[35] Als Relevant-Set wird die Menge an Marken im Gedächtnis des Konsumenten verstanden, die „gewisse Mindestanforderungen hinsichtlich der relevanten Produkteigenschaften erfüllen." Böhler (1979), S. 262.

[36] Vgl. Günther (2002), S. 121.

[37] Vgl. Günther (2002), S. 123.

[38] Vgl. Aaker (1996), S. 90 ff.

[39] Günther (2002), S. 123.

[40] Vgl. Meffert/Burmann/Kirchgeorg (2008), S. 357. Zu einer ausführlichen Darstellung der Entwicklung des Markenverständnisses siehe Meffert/Burmann/Kirchgeorg (2008), S. 355 ff.

[41] Vgl. Nitschke (2006), S. 44; Meffert/Burmann/Kirchgeorg (2008), S. 358.

führung entstanden ist. Neben dem, anhand des Markenimages abgebildeten, Fokus auf den Nachfrager wird bei diesem Konzept auch die interne Unternehmensperspektive durch die Markenidentität berücksichtigt. Die Markenidentität stellt hierbei die zentrale Größe für die Kaufverhaltensrelevanz einer Marke dar.[42] Das Konzept ergänzt die Outside-in-Perspektive des Markenimages um eine Inside-out-Perspektive. Demnach wird die klassische Marktorientierung, im Sinne der Konzentration auf Kunden und Wettbewerber, um eine ressourcenorientierte Betrachtung ergänzt, die eine auf die Ressourcenausstattung des Unternehmens abgestimmte Unternehmensstrategie vorsieht.[43] Das Markenimage wird somit in eine ganzheitliche Betrachtung der Markenführung integriert.[44] Die Zusammenhänge werden in *Abbildung 1* visualisiert.

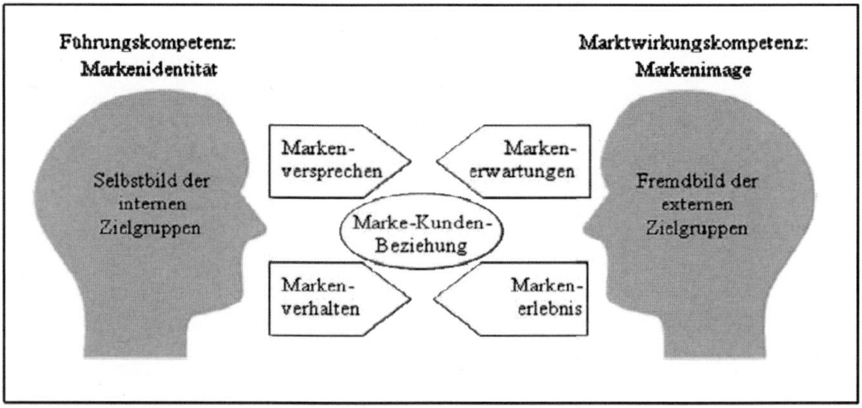

Abbildung 1: Grundkonzept der identitätsbasierten Markenführung[45]

Die *Markenidentität*, als Bezeichnung für das Selbstbild der internen Zielgruppe, verkörpert die wesensgeprägten Merkmale einer Marke, für die die Marke zuerst nach innen und zukünftig nach außen steht bzw. stehen soll. Demzufolge stellt sie ein Führungskonzept dar, das sich durch die Beziehungen der Markenmitarbeiter, als interne Zielgruppe, untereinander und deren Interaktion zu den externen Zielgruppen der Marke aufbaut.[46] Definiert wird die Markenidentität als „die Ganzheit derjenigen raum-zeitlich gleichartigen Merkmale einer Marke, die aus Sicht der internen Zielgruppen in nachhaltiger Weise den Charakter einer Marke prä-

[42] Vgl. Meffert/Burmann/Kirchgeorg (2008), S. 358.
[43] Vgl. Meffert (1998), S. 715.
[44] Vgl. Weers (2008), S. 46.
[45] Eigene Abbildung in Anlehnung an Meffert/Burmann/Kirchgeorg (2008), S. 359.
[46] Vgl. Meffert/Burmann/Kirchgeorg (2008), S. 359.

gen".[47] Diese Merkmale werden durch die Markenherkunft, Markenkompetenz, Markenwerte, Markenpersönlichkeit, Markenvision und Markenleistungen beschrieben.[48] Während im Unternehmen eine gezielte Gestaltung der Markenidentität möglich ist, wird das Fremdbild der Marke erst zeitlich verzögert und über einen längeren Zeitraum bei den verschiedenen externen Zielgruppen geformt und stellt dementsprechend ein Marktwirkungskonzept dar. Das *Markenimage* gilt in diesem Zusammenhang als „ein in der Psyche relevanter externer Zielgruppen fest verankertes, verdichtetes, wertendes Vorstellungsbild von einer Marke".[49] Die Voraussetzung für die Bildung eines Markenimages ist die Bekanntheit der Marke.[50] Diese zeigt die Fähigkeit der Erinnerung oder des Wiedererkennens einer Marke und deren Zuordnung zu einer Produktkategorie.[51]

Der identitätsbasierte Ansatz teilt das Markenimage in drei Dimensionen: Markenattribute, Markenpersönlichkeit und Markennutzen.[52] Diese Aufteilung folgt dem Prozess der Verarbeitung von Markeninformationen beim Nachfrager. Auf der hierarchisch niedrigsten Stufe der Verarbeitung der Markeninformationen sind die Markenattribute positioniert. Sie enthalten lediglich rein deskriptive Elemente, die vom Nachfrager mit einer Marke verbunden werden. Die Markenattribute sind weiterhin die Basis für die Markenpersönlichkeit, die auf Seiten der Nachfrager entsteht und ausgeformt wird. Die hierarchisch höchste Stufe der Markeninformationsverarbeitung stellt der Markennutzen dar. Dieser resultiert aus der Verdichtung der Informationen über die Markenattribute und die Markenpersönlichkeit und besitzt die höchste Verhaltensrelevanz aller Markenimagedimensionen.[53] Eine ausführliche Erläuterung der Dimensionen des Markenimages ist in Kapitel 3.2 und 3.3 zu finden.

Der identitätsbasierte Markenführungsansatz betont ferner die Notwendigkeit der Abstimmung des Markenversprechens mit dem tatsächlichen Markenverhalten auf Seite der internen Zielgruppen. Idealerweise solle daraus ein Einklang, zwischen adressierten Markenerwartungen und tatsächlichen Markenerfahrungen bei den externen Zielgruppen, entstehen. Stimmt

[47] Burmann/Blinda/Nitschke (2003), S. 5.
[48] Vgl. Burmann/Meffert (2005), S. 57.
[49] Burmann/Blinda/Nitschke (2003), S. 6.
[50] Vgl. Meffert/Burmann/Kirchgeorg (2008), S. 360 ff.
[51] Vgl. Aaker (1991), S. 61.
[52] Vgl. Plummer (1986), S. 29; Herrmann/Huber/Braunstein (2001), S. 111; Burmann/Stolle (2007), S. 68.
[53] Vgl. Burmann/Stolle (2007), S. 68; Meffert/Burmann/Kirchgeorg (2008), S. 365.

die Markenidentität mit dem Markenimage überein, gilt dieser Fit als Basis für eine profitable Marken-Kunden-Beziehung.[54]

2.1.3 Schematheorie

Ein tieferes Verständnis des Markenimages kann erreicht werden, indem die Frage nach der Repräsentation im Gedächtnis geklärt wird. Hierzu ist die Schematheorie von zentraler Bedeutung.[55] Diese verdeutlicht wie Informationen und Wissen im Gedächtnis eines Individuums gespeichert werden. Der Begriff des Schemas beschreibt dabei „organisierte Wissensbereiche, in denen das Wissen eines Individuums zu einem bestimmten Objekt oder Sachverhalt im Gedächtnis gespeichert und organisiert wird".[56] Das Schema einer Marke umfasst dabei alle Assoziationen und auch die Einstellung, die von einem Individuum mit einer Marke verbunden werden.[57] In diesem Zusammenhang sind für das Markenimage die Denotationen und Konnotationen von Bedeutung. Werden diese mit den kognitiven und affektiven Komponenten des Einstellungskonstruktes verknüpft, zielen, nach *Hätty,* die Denotationen eher auf die kognitiven Komponenten und damit auf rationale, wissensbezogene Kriterien ab. Dagegen beziehen sich die Konnotationen auf emotionale Eindrücke und werden demzufolge affektiv verarbeitet.[58] Diese Beziehungen sind jedoch nicht vollkommen eindeutig, da eine gewisse Interaktion zwischen kognitiven und affektiven Komponenten besteht.[59]

Durch die Wahrnehmung eines Produktes oder Markennamens wird ein bestehendes Produkt- bzw. Markenschema angesprochen. Dabei beeinflusst das Schema, ob das Produkt oder der Markenname vom Verbraucher als ähnlich oder unterschiedlich wahrgenommen wird.[60] Diese Zuordnung erfolgt zunächst durch Kategorisierung[61], d.h. die Einordnung eines Produktes in eine Kategorie bzw. in ein mentales Schema im Sinne eines Grobvergleiches. In einem zweiten Schritt wird die globale Einstellung bezüglich des Produktes gebildet. Von besonderer

---

[54] Vgl. Weers (2008), S. 47.
[55] Vgl. Weers (2008), S. 38.
[56] Günther (2002), S. 19. Vgl. hierzu auch Fiske/Pavelchak (1986); Myers-Levy/Tybout (1989); Sujan/Bettman (1989);
[57] Vgl. Huber et al. (2007a), S. 11.
[58] Vgl. Hätty (1989), S. 82; Huber et al. (2007a), S. 11 f.
[59] Vgl. Meffert/ Heinemann (1990), S. 7.
[60] Vgl. Fiske/Taylor (1991), S. 122.
[61] Die Kategorisierungstheorie geht zurück auf Rosch (1978). Sie beschreibt den Prozess der Einordnung von Informationen in bestehende Schemata, Vgl. hierzu auch Aaker and Keller (1990); Boush (2001); Bridges 1990; Farquhar, Herr and Fazio (1990).

Bedeutung sind hierbei, neben der Marke, die individuellen Merkmale und Eigenschaften des Produktes.[62]

Die Schemata, die durch semantische Netzwerke visualisiert werden können,[63] sind hierarchisch strukturiert, wodurch ein Markenschema immer einem Produktgruppenschema untergeordnet ist. Die gemeinsamen Eigenschaften aller Marken werden dementsprechend auf übergeordneter Ebene abgelegt. Gehören Marken derselben Produktkategorie an, teilen sie sich viele der mit ihnen assoziierten Eigenschaften. Sind die mit einer Marke assoziierten Eigenschaften in sich stimmig, führt dies zu einem Markenimage, das einen Einfluss auf das Kaufverhalten ausübt.[64]

2.1.4 Trends im Konsumentenverhalten

Die Etablierung einer Marke bzw. ihr erfolgreiches Bestehen im Markt setzt die Orientierung am Verbraucher voraus. So ist es von besonderer Bedeutung, Trends im Konsumentenverhalten frühzeitig zu erkennen und in die Marke zu integrieren.[65]

Der Begriff *Convenience* beispielsweise umschreibt einen derzeitigen Verbrauchertrend, „der mit dem Streben nach Annehmlichkeit, Bequemlichkeit und Verfügbarkeit umschrieben werden kann".[66] Er gewinnt durch die Neubewertung des Faktors „Zeit" an Bedeutung. Vielen Menschen wird eine effektive Nutzung der oftmals geringen Zeit, die neben dem Beruf verbleibt, immer wichtiger. So versuchen sie, Aktivitäten wie Einkaufen oder Essen schnellstmöglich oder sogar parallel mit anderen Aktivitäten zu erledigen. Lebensmittel-Unternehmen reagieren darauf, indem sie ihre Produktsortimente um Schnellgerichte bzw. Fertigmahlzeiten erweitern. Restaurants ergänzen ihren Service zunehmend um Zustell- und Heimdienste. Convenience-Shops, wie etwa Tankstellen-Shops oder Flughafengeschäfte, bedienen ebenfalls diesen Trend.[67] Auch die Gastronomie widmet sich dem Convenience-Gedanken. Durch Fast Food-Unternehmen wird eine flexible Zeitplanung ermöglicht, welche die von den Konsumenten gewünschte Schnelligkeit und Parallelisierung bezüglich des Essens zulässt.[68]

---

[62] Vgl. Bräutigam (2004), S. 78; Huber et al. (2007a), S. 12.
[63] Zur Darstellung eines semantischen Netzwerkes siehe Esch (2004), S. 68.
[64] Vgl. Weers (2008), S. 40.
[65] Vgl. Meffert (1999), S. 307; Meffert/Giloth (2002), S. 100 f.
[66] Meffert/Giloth (2002), S. 114.
[67] Vgl. Meffert/Giloth (2002), S. 114.
[68] Vgl.Schilling/Volkenand (2005), S. 5.

Die *Gesundheits- und Wellnessorientierung* hingegen setzt den Fokus auf ein ganzheitliches Wohlbefinden von Körper, Geist und Seele. Hierbei treten Aspekte wie Fitness, Entspannung, Stressbewältigung und bewusste Ernährung in den Vordergrund.[69] Im Bereich der Nahrungsmittel werden daher Bio-Produkte sowie Nahrungsmittel mit gesundem Zusatznutzen, die Functional Food genannt werden, immer bedeutender. Auch Fast Food-Unternehmen begegnen diesem Trend, indem sie zunehmend gesunde Alternativen in ihre Speisekarten aufnehmen[70] und den Verbraucher auf Produktverpackungen über die Nährwerte ihrer Produkte informieren.[71]

Ein weiterer Trend zeigt sich im Wandel der Funktion des Konsums. Der ursprünglich wichtige, technisch funktionale Kernnutzen verliert dabei immer mehr an Bedeutung, wohingegen der, durch den Konsum entstehende, Zusatznutzen zunehmend wichtiger wird.[72] Dieser Wandel resultiert aus Veränderungen in der Wertvorstellung der Konsumenten, welche darin zum Ausdruck kommen, dass die eigene Person stärker in den Fokus eines jeden Einzelnen rückt. Hierdurch entwickelt sich der Konsum zu einem nutzenstiftenden Element, indem er zum *Erlebnis* wird.[73] Ein Erlebniswert umschreibt „den subjektiv erlebten, durch das Produkt, die Dienstleistung, das Verkaufsgespräch oder die Einkaufsstätte vermittelten Beitrag zur Lebensqualität der Konsumenten".[74] Diese Lebensqualität kann beim Konsumenten erreicht werden, indem eine Verankerung sinnlicher Erlebnisse mit Marken in dessen Gefühls- und Erfahrungswelt erzielt wird. Die Gesamtheit dieser Erlebnisse resultiert in einer Erlebniswelt.[75]

Ebenfalls kann der Konsum an sich ein gestaltendes Element der *Identität* des Konsumenten darstellen und somit zu seiner Selbstverwirklichung beitragen.[76] Dabei dienen Marken als Wertesysteme von und für Individuen. Sie zeigen die Zugehörigkeit zu einer spezifischen Gruppe der Gesellschaft auf und adaptieren bestimmte Werthaltungen. Konsumenten können sich demzufolge mit Marken identifizieren und streben nach Kongruenz zwischen Marken-

---

[69] Vgl. Meffert/Giloth (2002), S. 117.
[70] Vgl. Schilling/Volkenand (2005), S. 6 f.
[71] Vgl. McDonalds (o.J.b).
[72] Vgl. Vershofen (1959), S. 86 ff.; Meffert/Giloth (2002), S. 115.
[73] Vgl. Meffert/Giloth (2002), S. 115.
[74] Weinberg (1992), S. 3.
[75] Vgl. Weinberg/Diehl (2001), S. 189.
[76] Vgl. Holt (1995), S. 6.

und dem eigenen Selbstkonzept.[77] Die Vielfalt der angebotenen Nahrungsmittel wird diesem Streben gerecht. So kann der Konsument, je nach Stimmung oder Anlass, das für ihn als richtig erscheinende Angebot wählen und somit sich selbst und seinen eigenen Lifestyle inszenieren.[78]

2.1.5 Lifestyle-Marke als Ausprägung des Markenimages

Die identifizierten Trends im Konsumentenverhalten zeigen, dass Mitglieder der heutigen Wohlstandgesellschaften dazu neigen, ein verstärktes Gesundheits- und Umweltbewusstsein zu entwickeln und zugleich nach Selbstverwirklichung zu streben.[79] Die geänderten gesellschaftlichen Rahmenbedingungen, in denen sich Individuen dem Alltagsstress ausgesetzt fühlen und sich auf Sinnsuche begeben, führen zu einer zunehmenden Orientierung an immateriellen Werten in Bezug auf die eigene Lebenshaltung und Lebensgestaltung. So wie der Begriff „Lifestyle" früher synonym für Mode und Trends stand, versucht er heute, genau diese Wertorientierung aufzugreifen.[80] Der Lifestyle eines jeden Menschen spiegelt seine persönlichen Merkmale und Werte wieder[81] und wird aufgrund der von ihm gekauften Produkte und Marken visualisiert.[82] Den Einfluss der Persönlichkeit bzw. des Selbstimages eines Individuums auf das Kaufverhalten postuliert die, auf *Sirgy* zurückgehende, Kongruenz-Theorie.[83] Das Selbstimage verkörpert die „totality of the individual's thoughts and feelings having reference to himself as an object".[84] Dabei wird das Selbst in vier Dimensionen untergliedert. Das wirkliche Selbstkonzept bezieht sich darauf, wie ein Individuum sich selbst sieht. Dagegen beschreibt das ideale Selbstkonzept, wie das Individuum selbst gerne sein würde. Das soziale Selbstkonzept repräsentiert den Eindruck des Individuums darüber, wie andere Menschen es sehen. Wohingegen das ideal-soziale Selbstkonzept schließlich das vom Individuum gewünschte Bild zeigt, das sich andere von ihm machen sollen.[85] Das Selbstkonzept wird von zwei Motiven getrieben. Zum einen strebt das Individuum nach Selbstkonsistenz. Es versucht, sich in konsistenter Art und Weise so zu verhalten, wie es sich selbst sieht, um damit ein inne-

[77] Vgl. Meffert/Giloth (2002), S. 116. Vgl. zur Image-Kongruenztheorie Levy (1959); Sirgy (1982). Dabei stützt sich die Theorie auf die Selbstkonzepttheorien aus der Individualpsychologie, wonach ein Individuum in Bezug auf sein Selbstkonzept zwei Motive hat. Zum einen die Selbstwerterhaltung (Schutz des gegenwärtigen Selbskonzepts) und zum anderen die Selbstwerterhöhung (Streben nach Idealvorstellungen).
[78] Vgl. Schilling/Volkenand (2005), S. 10.
[79] Vgl. Weinberg/Diehl (2001), S. 187.
[80] Vgl. Grannemann (2003), S. 7.
[81] Vgl. Ratchford (2001), S. 404.
[82] Vgl. Holt (1997), S. 333.
[83] Vgl. Sirgy (1982), S. 294; Sirgy (1986).
[84] Vgl. Rosenberg (1979), S. 7.
[85] Vgl. Sirgy (1982), S. 288.

res Gleichgewicht zu erzielen. Zum anderen möchte es Selbstachtung erlangen bzw. diese langfristig bewahren.[86] Ein Konsument wird folglich Produkte kaufen, die er positiv wahrnimmt und beurteilt und deren Image seinem Selbstimage entspricht bzw. die ihm eine Hilfestellung für das Erlangen oder den Erhalt seines eigenen positiven Selbstimages geben.[87] Die Kongruenz zwischen dem Selbstimage bzw. Selbstkonzept des Konsumenten und dem Produkt- oder Markenimage beeinflusst dementsprechend das Kaufverhalten.[88] Mit einer Lifestyle-Marke wird versucht, diese Motivation aufzugreifen. Sie ist inhaltlich und formal so ausgestaltet, dass sie ein motivierendes und relevantes Angebot für den Konsumenten ergibt, sein eigenes Ich darzustellen.[89] So fungiert sie als Reflexionsfläche der innengerichteten Wertewelt der Konsumenten (Value fit) und bringt gleichzeitig diese Wertewelt, als Ausdruck des eigenen Lebensgefühls, nach außen zum Vorschein (Outfit fit).[90] Für diesen ganzheitlichen Ansatz ist es von besonderer Bedeutung, die teils gegenläufigen Faktoren Wandel und Kontinuität in Einklang zu bringen. Eine Lifestyle-Marke muss ein im Kern dauerhaft stabiles und relevantes Wertesystem besitzen und zugleich die Grundlage für eine situationsspezifische Ausgestaltung des eigenen Ichs geben. Diese Ausbalancierung zwischen der Zeitgeist-Orientierung (Outfit fit) und einem stabilen, Orientierungshilfe gebenden Werteraster (Value fit) verkörpert die Prämisse der Lifestyle-Marke. Sie besitzt demzufolge ein langfristig stabiles Fundament, das die Wertewelten der Konsumenten und damit ihre Lebenshaltung anspricht. Außerdem greift sie relevante Trends für die Marke auf, indem sie Aktivitäten entwickelt, die die Marke zeitgemäß und aktuell, sozusagen lifestylegemäß, erscheinen lässt.[91] Beispielsweise gilt *MINI* als eine erfolgreiche Lifestyle-Marke in der Automobilbranche. Die faktische Produktqualität und das außergewöhnliche Design werden inhaltlich durch die Verkörperung von Werten wie Individualität, Sinnlichkeit, Spaß und damit durch ein bestimmtes Lebensgefühl ergänzt.[92]

Damit die Lifestyle-Marke eine Identifikations-Plattform für den Konsumenten darstellt, ist es notwendig, Erlebniswelten zu kreieren.[93] Durch Marken erfährt der Konsument sinnliche Erlebnisse in seiner Gefühls- und Erfahrungswelt. Diese Erlebnisse können durch das Aufgreifen von Trends oder durch die Ansprache von spezifischen Lebensstilen getrieben wer-

[86] Vgl. Huber/Vollhardt/Siegel (2005), S. 21; He/Mukherjee (2007), S. 445 f.
[87] Vgl. Huber/Vollhardt/Siegel (2005), S. 21 f.
[88] Vgl. Sirgy (1982), S. 294.
[89] Vgl. Grannemann (2003), S. 12.
[90] Vgl. Grannemann (2003), S. 8.
[91] Vgl. Grannemann (2003), S. 13 f.
[92] Vgl. Grannemann (2003), S. 8.
[93] Vgl. Grannemann (2003), S. 18.

den.[94] Der Erlebnischarakter führt zu einer Hinführung des Konsumenten zur Marke und damit zur Akzeptanz der Marke als Teil des Lebensstils.[95] Erkennt ein Konsument das Angebot einer Marke sinnbildlich für seine eigene Lebensgestaltung an, ist die Grundlage für die Wahrnehmung der Marke als Lifestyle-Marke gelegt.[96]

Kaffee avanciert in den letzten Jahren zunehmend zum Lifestyle-Produkt. Coffeeshops stellen einen der expansivsten Teilmärkte der Gastronomie dar. [97] So ist es nicht verwunderlich, dass bspw. „Star Bucks“ in den letzten Jahren zusehends in den deutschen Markt eingedrungen ist und die Strategie nutzt, ein funktionales Produkt in eine emotionale Erfahrung umzuwandeln und somit als Lifestylemarke in diesem Segment zu positionieren.[98]

2.2 Grundlagen zu Markentransfers

2.2.1 Grundlagen und Ausgestaltung der Markenarchitektur

Die Grundlage der Markenarchitektur stellt die klassische Markenstrategie dar.[99] In Anlehnung an *Meffert* können Markenstrategien als „bedingte, langfristige und globale Verhaltenspläne zur Erreichung der Markenziele“ definiert werden.[100] Die Markenstrategien lassen sich gemäß der Anzahl der Produkte oder Leistungen, die unter einer einzelnen Marke zusammengefasst werden, in vier Kategorien differenzieren. Während bei der Einzelmarkenstrategie für jedes Produkt eine einzelne Marke geführt wird, werden bei der Dachmarkenstrategie alle Produkte unter einer einzigen Marke gebündelt. Das Unternehmen *Ferrero* vertreibt beispielsweise die Einzelmarken *Duplo*, *Nutella* und *Hanuta*, wogegen *BMW* einer Dachmarkenstrategie nachgeht.[101] Eine Kombination der beiden zuvor genannten Strategien stellt die Familienmarkenstrategie dar. Diese sieht die Führung verwandter Produkte oder einzelner Produktgruppen unter einer einzelnen Marke vor, wobei die Existenz mehrerer Markenfamilien innerhalb eines Unternehmens möglich ist. So führt das Unternehmen *Beiersdorf* verwandte Produkte wie Körpermilch, Duschgel und Rasiercreme unter der Marke *Nivea*.[102]

---

[94] Vgl. Weinberg/Diehl (2001), S. 189 ff.
[95] Vgl. Lüppens (2006), S. 36.
[96] Vgl. Grannemann (2003), S. 19.
[97] Vgl. Heigert (2008), S. 13.
[98] Vgl. van Someren (2005), S. 108.
[99] Vgl. Esch/Bräutigam (2001), S. 714.
[100] Meffert (2002), S.136.
[101] Vgl. Meffert (1999), S. 295 ff.; Meffert/Bierwirth/Burmann (2002), S. 169.
[102] Vgl. Meffert (1999), S. 298; Meffert/Bierwirth/Burmann (2002), S. 169.

Die Führung mehrerer Marken für eine einzige Produktgattung wird als Mehrmarkenstrategie bezeichnet. Dieser folgt das Unternehmen Henkel, das Waschmittelmarken wie *Weißer Riese, Perwoll* oder *Spee* vertreibt.[103] Diese klassischen Markenstrategien fokussieren die Führung der einzelnen Marke.[104] Im Gegensatz dazu werden innerhalb der Markenarchitektur alle Marken eines Unternehmens, ihre spezifischen Rollen sowie die Beziehungen zwischen den Marken berücksichtigt[105] und in einem hierarchischen Ordnungsrahmen systematisiert. Zu unterscheiden sind hierbei in abnehmender hierarchischer Ordnung die Unternehmensmarke (Corporate Brand) von den Unternehmensbereichsmarken (Company Brands) und den Produkt- und Leistungsmarken. Aus diesen Markenhierarchieebenen lassen sich die Markenarchitekturformen ableiten.[106] Die verschiedenen Formen können dabei anhand von zwei Fragestellungen unterschieden werden:

1. Bestehen zwischen den einzelnen Markenhierarchien Beziehungen und wenn ja, wie stark sind die Marken miteinander verknüpft?
2. Welche Rolle spielt die Marke bei der Kaufentscheidung, d.h. welche Marke ist der primäre Treiber („Driver“)? [107]

Ein Instrument zur Klassifikation der unterschiedlichen Ausprägungsformen der Markenarchitekturen stellt das „Brand Relationship Spectrum“ dar, das von *Aaker und Joachimsthaler* entwickelt wurde und in *Abbildung 2* gezeigt wird.[108] Die Extrema bilden das „Branded House“ und das „House of Brands“.[109] Beim „Branded House“ dominiert die Unternehmensmarke bei der Markierung eines Produktes und fungiert als Dach für alle Geschäftsbereiche. Das „House of Brands“ ist dagegen durch dominante Produktmarken gekennzeichnet. Hier wird die Unternehmensmarke nur verdeckt oder gar nicht zur Markierung der Produkte eingesetzt.[110] Die zwischen den Extrema liegenden Markenarchitekturtypen ergeben sich durch deren Kombination. Zur Markierung der Leistungen werden hier sowohl die Dachmarke als auch die, auf untergeordneten Hierarchieebenen zu findenden, Marken gemeinsam verwendet.

---

[103] Vgl. Sattler/Völckner (2007), S. 118.
[104] Vgl. Esch/Bräutigam (2001), S. 714.
[105] Vgl. Aaker/Joachimsthaler (2000), S. 8.
[106] Vgl. Meffert/Bierwirth/Burmann (2002), S. 168 ff.
[107] Vgl. Esch/Bräutigam (2001), S. 722; Huber et al. (2007a), S. 4.
[108] Vgl. Aaker/Joachimsthaler (2000), S. 8.
[109] Vgl. Burmann/Blinda/Nitschke (2003), S. 26 f.
[110] Vgl. Esch/Bräutigam (2001), S. 723.

Dies kann einerseits in Form einer untergeordneten Marke (Sub Brand) geschehen, bei der die Produktmarke und die Dachmarke gleichberechtigt sind. Wirkt die übergeordnete Dachmarke nur unterstützend, wird andererseits von der gestützten Marke (Endorsed Brand) gesprochen. Beispielsweise fungiert die Marke *Nestlé* als Stützmarke für die Produktmarke *Nesquick*.[111] Diese beiden Markenarchitekturtypen zeichnen sich dadurch aus, dass die Dachmarke untergeordnete Marken unterstützt, indem unter anderem bestimmte Bestandteile des Markenimages auf untergeordnete Einzelmarken übertragen werden. Außerdem zahlen die unterge ordneten Produktmarken auf das Konto der .jeweils übergeordneten Marke ein, indem beispielsweise das Image der Dachmarke, durch die Betonung gemeinsamer Imagefaktoren und/oder das Hinzufügen neuer Imagefaktoren im Sinne einer Imagemodifikation, gestärkt wird.[112] In diesen Zusammenhang ist auch das Phänomen Markentransfer einzuordnen, auf den im folgenden Kapitel eingegangen wird.

[111] Vgl. Huber et al. (2007a), S. 5.
[112] Vgl. Esch/Bräutigam (2006), S. 142.

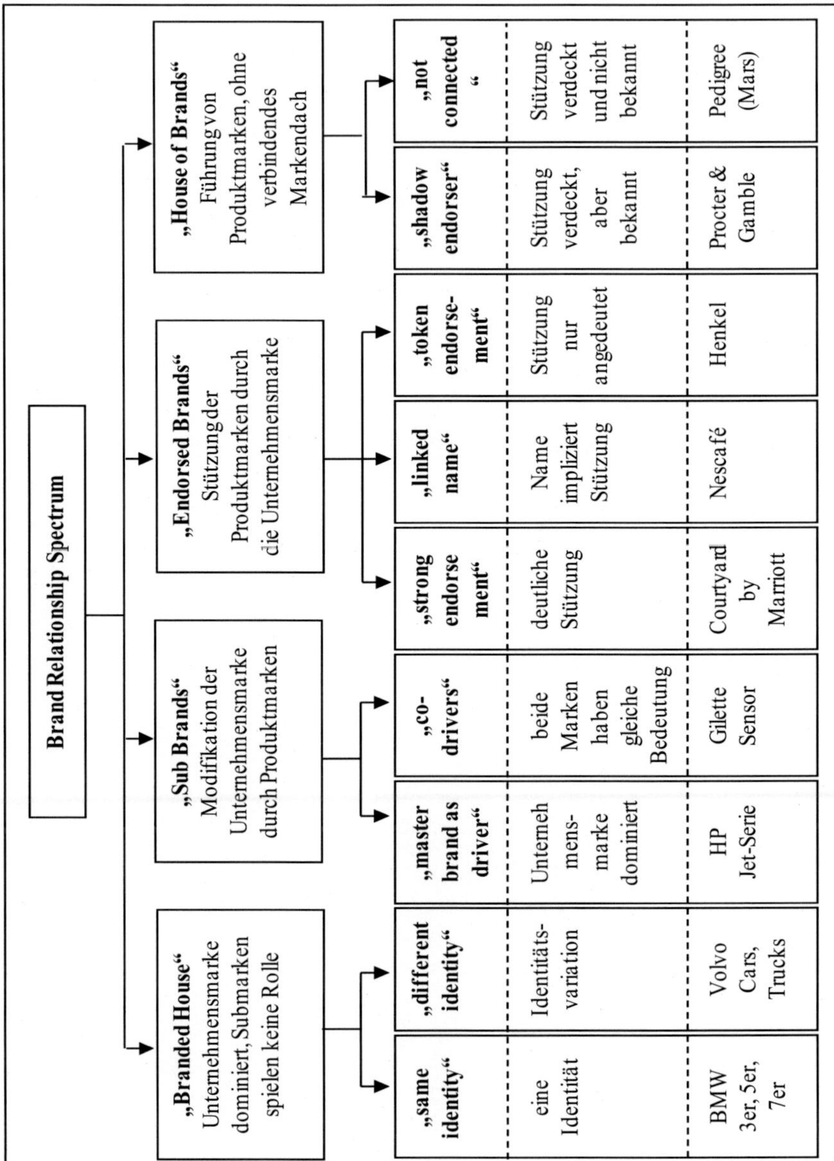

Abbildung 2: Brand Relationship Spectrum[113]

[113] Eigene Abbildung in Anlehnung an Aaker/Joachimsthaler (2000), S. 9; Esch/Bräutigam (2001), S. 722; Huber et al. (2007a), S.4.

2.2.2 Formen des Markentransfers und seine Transferwirkung

Der Tatbestand des Markentransfers unterliegt keiner einheitlichen Terminologie und Begriffsauffassung. Vielmehr liegt eine Fülle unterschiedlicher Begriffe und entsprechender Definitionen vor.[114] Unter formalen Gesichtspunkten bezeichnet der Begriff des Markentransfers eine Übertragung des Markennamens einer etablierten Marke auf ein neues Produkt.[115] Markentransfers können in unterschiedlichen Formen auftreten, die *Kaufmann* in horizontale und vertikale Markentransfers gliedert (siehe *Abbildung 3*). Bei *vertikalen* Markentransfers gehört das Neuprodukt zur gleichen Produktkategorie wie die Muttermarke,[116] jedoch auf einem höheren (Step-up) oder niedrigeren (Step-down) Preis- und/oder Qualitätsniveau.[117] Befindet sich das Neuprodukt etwa auf dem gleichen wahrgenommenen Qualitätsniveau wie die Muttermarke, wird von *horizontalen* Markentransfers gesprochen.[118] Die Übertragung eines bereits bestehenden Markennamens auf ein Neuproduk,t innerhalb einer bestehenden Produktkategorie, wird als *Line Extension* (Produktlinienerweiterung) bezeichnet.[119]

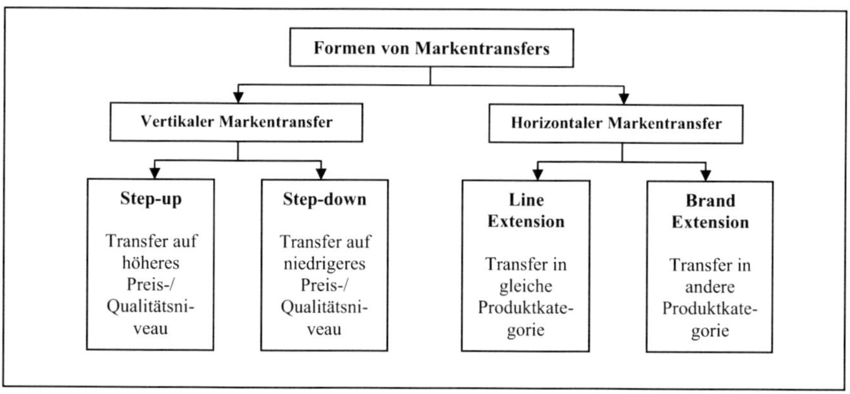

Abbildung 3: Formen von Markentransfers[120]

Das Ziel des Markentransfers besteht nicht nur in der Übertragung des etablierten Markennamens auf ein neues Produkt. Primär soll die vorhandene Bekanntheit und das bestehende

[114] Vgl. Günther (2002), S. 5.
[115] Vgl. Meffert (2000), S. 865.
[116] Der Begriff der Muttermarke wird in der Literatur auch als Ursprungsmarke (vgl. Caspar (2002), S. 239) und Stammmarke (vgl. Esch (2004), S. 289) bezeichnet. In der vorliegenden Arbeit wird ausschließlich der Begriff Muttermarke verwendet.
[117] Vgl. Kim/Lavack/Smith (2001), S. 211.
[118] Vgl. Kaufmann (2006), S. 3.
[119] Vgl. Keller (2003), S. 581.
[120] Eigene Abbildung in Anlehnung an Kaufmann (2006), S. 3.; Kim/Lavack/Smith (2001), S. 211; Pitta/Katsanis (1995), S. 60; Kim/Lavack (1996); S. 24.

Vertrauen der Konsumenten von der Muttermarke auf das neue Produkt übertragen werden,[121] was auch als Transferwirkung verstanden wird.[122] Hierdurch soll eine höhere Akzeptanz des neuen Produktes bei den Konsumenten erreicht werden. *Keller* nennt verschiedene *Chancen*, die durch einen Markentransfer auf die Akzeptanz des neuen Produktes wirken.[123] Diese sind in *Abbildung 4* aufgezeigt.

- Erhöhung der Absatzwahrscheinlichkeit
- Effizienzsteigerung bei Werbeausgaben
- Erreichen von Verpackungs- und Markierungseffizienz
- Kostenreduzierung bei den einführenden und folgenden Marketingprogrammen
- Reduzierung des wahrgenommenen Risikos der Konsumenten
- Ermöglichung des Variety-Seekings der Konsumenten
- Vermeidung der Kosten für eine Neumarkenentwicklung

Abbildung 4: Chancen der Transferwirkung[124]

Dabei handelt es sich um Produkte, die im Vergleich zu den Stammprodukten nur geringfügig verändert werden, wie beispielsweise die Änderung der Geschmacksrichtung oder der Packungsgröße, die aber die charakteristischen Produkteigenschaften ihrer Produktklasse beibehalten.[125] Im Gegensatz dazu wird von *Brand Extension* (Markenerweiterung) gesprochen,[126] wenn das Neuprodukt in eine neue Produktkategorie eingeführt wird.[127] So wurde die Marke *Dr. Oetker*, die ursprünglich Backpulver vertrieb, beispielsweise auf Tiefkühlpizza ausgedehnt.[128] Bei dieser Form des Markentransfers verfügt die Muttermarke noch nicht über entsprechende Produkte in ihrem Proftfolio. Daher weisen *Huber et al.* darauf hin, dass ein vertikaler Markentransfer nur bei Produktlinienerweiterungen, jedoch nicht bei Markenerweiterungen vorliegen kann.[129] Die Einteilung eines neuen Produktes als Markenerweiterung oder Produktlinienerweiterung erweist sich allerdings oftmals als schwierig, da es an einer objektiven Abgrenzung von Produktklassen mangelt.[130] Bezieht man die Formen des Marken-

[121] Vgl. Günther (2002), S. 1.
[122] Vgl. Günther (2002), S. 89.
[123] Vgl. Keller (2008), S. 495.
[124] Eigene Darstellung.
[125] Vgl. Günther (2002), S. 10.
[126] Der Begriff Brand Extension wird in der Literatur auch als Franchise Extension (vgl. Kaufmann (2006), S. 3), Category Extension (vgl. Keller (2008), S. 491) sowie Markenerweiterung (vgl. Park/Milberg/Lawson (2005), S. 965) bezeichnet. In der vorliegenden Arbeit wird ausschließlich der Begriff Markenerweiterung verwendet.
[127] Vgl. Caspar (2002), S. 235.
[128] Vgl. Zatloukal (2002), S. 1.
[129] Vgl. Huber et al. (2007a), S. 7.
[130] Vgl. Günther (2002), S. 8.

transfers auf die Markenarchitektur, so kann die Muttermarke sowohl bei der Produktlinienerweiterung als auch bei der Markenerweiterung mit einer zusätzlichen Sub Brand oder Endorsed Brand versehen werden.[131]

Neben diesen Chancen entstehen jedoch auch erhebliche *Risiken* durch einen Markentransfer. Diese werden durch die beträchtlichen Flopraten von Markentransfers offenbar. Im Bereich kurzlebiger Konsumgüter sind Misserfolge von bis zu 70 % nicht ungewöhnlich.[132]
Die möglichen Risiken eines Markentransfers[133] stellt *Abbildung 5* dar.

- Abschwächung der Identifikation mit den Produktkategorien
- Widerstand seitens des Einzelhandels
- Verzicht auf Neumarkenentwicklung
- Schwierigkeiten in der klaren Zielgruppenansprache

Abbildung 5: Risiken der Transferwirkung[134]

Die Transferwirkung spielt im Gegensatz zur Rückwirkung von Markentransfers auf die Muttermarke in diesem Buch nur eine untergeordnete Rolle, weshalb auf eine ausführliche Erläuterung dieser Wirkungsrichtung verzichtet wird. Dennoch sollte ein Verständnis für die Zusammenhänge zwischen einer Marke und deren Markentransfer erreicht werden, wozu die Kategorisierungstheorie einen wichtigen Beitrag leistet.

2.2.3 Kategorisierungstheorie

Die Kategorisierungstheorie, die im angelsächsischen Raum als „Categorization Theory" bezeichnet wird, lässt eine Erklärung für die Dynamik zwischen einer Marke und deren Markentransfers zu.[135] Daher findet dieser Ansatz in der Literatur zu Markentransfers und deren Rückwirkungen auf die Muttermarke vielfach Anwendung.[136]

Grundsätzlich ist die Kategorisierungstheorie nicht getrennt von der Schematheorie zu betrachten.[137] Erhält ein Individuum eine neue Information, ordnet es diese in bestehende Sche-

[131] Vgl. Huber et al. (2007a), S. 7.
[132] Vgl. Sattler/Völckner (2006), S. 56.
[133] Vgl. Sattler/Völckner (2006), S. 57, Keller (2008), S. 503.
[134] Eigene Darstellung.
[135] Vgl. Kim/Lavack (1996), S. 26.
[136] Vgl. Loken/Roedder John (1993), S. 72; Kim/Lavack (1996), S. 26; Milberg/Park/McCarthy (1997), S. 122; Kim/Lavack/Smith (2001), S. 212; Kaufmann (2006), S. 39.
[137] Zur Erläuterung der Schematheorie siehe Kapitel 2.1.3.

mata ein (Kategorisierung). Die im jeweiligen Schema bereits vorhandenen Elemente unterliegen dann einer Gleichbehandlung mit der neuen Information.[138] Die Zuordnung eines Produktes sowie dessen Beurteilung findet anhand bereits bestehender Produkt- und Markenkategorien statt.[139] Kategorien bezeichnen kognitive Strukturen, die die Objekte einer Klasse beinhalten. Diese zeigen untereinander eine starke Ähnlichkeit bzw. Homogenität auf, wogegen sie zu den Objekten anderer Klassen heterogen sind und sich somit stark von ihnen unterscheiden.[140] In diesem Kontext kann eine Dachmarke als Kategorie angesehen werden.[141] Diese wird im Zeitverlauf mit einer Menge an Attributen assoziiert, die auf den Merkmalen ihrer einzelnen Markenkategorien basieren. So wird beispielsweise die Marke *Neutrogena* mit den Attributen Seife, Milde und Qualität verknüpft, die auf die Merkmale der Kategorien *Neutrogena* Seife, *Neutrogena* Shampoo und *Neutrogena* Haarspülung zurückführbar sind.[142] Ein Markentransfer besitzt seine ganz eigenen, neuen Attribute. Es ist von großer Relevanz, ob der Konsument diese Attribute in Bezug auf das bisherige Markenimages als konsistent bzw. übereinstimmend wahrnimmt.[143] Ausgedrückt in der Sprache der Kategorisierungstheorie beurteilt der Konsument eine neue Markenkategorie nach dem Grad der Konsistenz dieser Kategorie mit dem bereits existierenden Kategoriewissen über die Marke. Der Grad dieses wahrgenommenen Fits ist ausschlaggebend für eine eventuelle Veränderung der Meinung und Einstellung des Konsumenten über die Muttermarke durch den Markentransfer.[144]

Die Kategorisierung stellt demzufolge sowohl eine theoretische Grundlage für die Beurteilung des Markentransfers als auch seiner Rückwirkungen auf die Muttermarke dar. Auf diese wird im nächsten Kapitel eingegangen.

2.2.4 Rückwirkungseffekte von Markentransfers auf die Muttermarke

2.2.4.1 Rückwirkungen im Allgemeinen

Durch einen Markentransfer findet nicht nur die Übertragung von Bestandteilen der Muttermarke auf das Transferprodukt statt. Vielmehr sind ebenfalls Wirkungen, des Transferprodukts auf die Muttermarke zu verzeichnen. Dieser als *Rückwirkung* bezeichnete Effekt beschreibt „die Wirkung des Markentransfers auf die Wahrnehmung und Beurteilung der

[138] Vgl. Boush (2001), S. 812; Vogel/Huber (2007), S. 51.
[139] Vgl. Huber et al. (2007a), S. 11.
[140] Vgl. Fiske/Pavelchak (1986), S. 170.
[141] Vgl. Boush/Loken (1991), S. 17.
[142] Vgl. Loken/Roedder John (1993), S. 72.
[143] Vgl. Kim/Lavack/Smith (2001), S. 212.
[144] Vgl. Milberg/Park/McCarthy (1997), S. 122.

Stammmarke (...)"[145] (und) „(...) kann somit als der Unterschied in der Wahrnehmung und Beurteilung der Stammmarke, vor dem Markentransfer und nach der Durchführung des Markentransfers, definiert werden".[146] Ein zentrales Ziel des Markentransfers ist somit, neben dem im vergangenen Kapitel beschriebenen Erreichen einer hohen Akzeptanz des Transferproduktes seitens der Konsumenten, die „Generierung positiver Rückwirkungen auf die Muttermarke (...)".[147] Durch die Einführung von Transferprodukten steigt einerseits die Bekanntheit der Muttermarke, andererseits werden die Assoziationen der Konsumenten bezüglich der Marke verstärkt sowie um weitere meist positive Komponenten ergänzt.[148]

Positive Rückwirkungen, die durch Markentransfers auf die Muttermarke entstehen können,[149] sind in *Abbildung 6* aufgelistet.

- Verdeutlichung der Markenbedeutung
- Zuwachs an Kunden und Steigerung der Marktabdeckung
- Ermöglichung weiterer Transfers
- Umgehung von Werbebeschränkungen
- Erhöhung des Markenwertes
- Revitalisiering der Muttermarke
- Chance zur Umpositionierung der Marke

Abbildung 6: Positive Rückwirkungen durch Markentransfers[150]

Markentransfers stellen eine Hilfe bei der Verdeutlichung der Bedeutung einer Marke dar und bestimmen gleichzeitig die Art der Absatzmärkte, in der die Marke mit anderen konkurriert.[151] Sie können weiterhin Produkteigenschaften bzw. -vorteile aufweisen, die bei den bisherigen Produkten der Marke fehlen und somit neue Kundengruppen ansprechen.[152] Ein weiterer positiver Effekt der Markentransfers besteht darin, dass das Transferprodukt als Grundlage für die Öffnung einer Marke für weitere Transfers dient. So konnte die Marke *Tesa* ihr Image durch die Einführung der *Tesa-Power-Strips* verjüngen, was schließlich die erfolgreiche Erweiterung der Marke um Insekten- und Pollenschutzgitter für Fenster ermöglichte.[153]

---

[145] Günther (2002), S. 89.
[146] Günther (2002), S. 89.
[147] Kaufmann (2006), S. 6.
[148] Vgl. Kaufmann (2006), S. 6.
[149] Vgl. Sattler/Völckner (2006), S. 55; Kaufmann (2006), S. 6 f.; Keller (2008), S. 494 ff.
[150] Eigene Darstellung.
[151] Vgl. Keller (2008), S. 499.
[152] Vgl. Keller (2008), S. 499 ff.
[153] Vgl. Kaufmann (2006), S. 7.

Ferner können Markentransfers eine Hilfe zur Umgehung von Werbebeschränkungen sein. Die Marke *Camel* hat sich dies zu Nutze gemacht. Durch das Transferprodukt *Camel Schuhe* ist es der Marke trotz strenger Werbebeschränkungen in der Zigarettenindustrie weiterhin möglich, die Muttermarke zu bewerben.[154] Ebenso steigert der Markentransfer die Bekanntheit der Muttermarke, wodurch Konsumenten ein zunehmendes Vertrauen in die Marke gewinnen. So führt ein erfolgreicher Markentransfer außerdem zu einer Erhöhung des Markenwertes.[155] Des Weiteren ist eine Revitalisierung der Marke zu erzielen. Marken- und Produktlebenszyklus können dabei idealerweise voneinander entkoppelt werden, wodurch die Marke weiterhin unabhängig von dem, ursprünglich mit ihr verbundenen, Produkt bestehen kann.[156] Positive Rückwirkungen von Markentransfers können schließlich zu einer Umpositionierung der etablierten Muttermarke beitragen.[157] So kann das Angebot der Muttermarke aufgrund des Markentransfers so modifiziert werden, dass es sich im Zeitablauf veränderter Wett-bewerbssituationen und Nachfragerbedürfnisse anpasst.[158] Die Marke *Maggi* beispielsweise erfuhr eine Erweiterung des ursprünglichen Angebots der Maggi-Würze sowohl um Saucen, Suppen, Fertiggerichte als auch Süßspeisen. Dadurch gelang die Positionierung der Marke in der Wahrnehmung der Konsumenten als Marke für „Kochen, Ernährung und Genuss".[159]

Diesen Chancen, die Markentransfers generieren können, stehen jedoch auch erhebliche *Risiken* in Form von negativen Rückwirkungen für die Muttermarke gegenüber.[160] Sie sind in *Abbildung 7* aufgeführt.

- Verwirrung und Frustration der Konsumenten
- Kannibalisierungseffekte
- Verstärkter Koordinationsbedarf

Abbildung 7: Negative Rückwirkungen durch Markentransfers[161]

Die breite Auswahl an Produkten, die durch die immer weiter steigende Anzahl von Markentransfers zustande kommt, kann zu einer Überforderung des Konsumenten führen.[162] Falls

[154] Vgl. Sattler (2001), S. 80.
[155] Vgl. Sattler/Völckner (2006), S. 55.
[156] Vgl. Kaufmann (2006), S. 6 f.
[157] Vgl. Sattler/Völckner (2006), S. 55.
[158] Vgl. Meffert/Burmann/Kirchgeorg (2008), S. 376.
[159] Vgl. Sattler/Völckner (2006), S. 55.
[160] Vgl. Kaufmann (2006), S. 7 f.; Keller (2008), S. 502 ff.
[161] Eigene Darstellung.
[162] Vgl. Keller (2008), S. 502.

dem Konsumenten nicht genau ersichtlich ist, welches Produkt das richtige für ihn ist, kann Verwirrung entstehen. Ist ein beworbenes Transferprodukt sogar, beispielsweise aus Platzmangel beim Einzelhändler, nicht erhältlich, ist eine Frustration des Konsumenten wahrscheinlich.[163] Ein Transferprodukt kann weiterhin die Kannibalisierung der Ursprungsprodukte einer Marke bewirken.[164] Die Konsumenten wechseln somit von den bisherigen Produktangeboten zum Transferprodukt, was zu deren Substitution und gleichzeitiger Absatzsenkung führt. Da außerdem Entscheidungen bezüglich eines Produktes unter dem Dach einer Marke zugleich Auswirkungen auf alle anderen Produkte dieser Marke haben können, entsteht ein erhöhter Koordinationsbedarf durch den Markentransfer.[165]

2.2.4.2 Rückwirkungen auf das Muttermarkenimage

Das Markenimage stellt eine wichtige Rolle bezüglich der Markentransferstrategien dar. In der Literatur wird bei der Übertragung des Markennamens durch einen Markentransfer auch gleichzeitig von einem Imagetransfer gesprochen.[166] Unter diesem wird „die Übertragung von Imagebestandteilen von einem Produkt auf ein anderes Produkt mit Hilfe des gemeinsamen Markennamens" verstanden.[167] Hierbei spricht die Mehrzahl der Autoren nicht nur von der Übertragung von der Muttermarke auf das Transferprodukt, sondern ebenfalls von einer Rückübertragung einzelner Imagebestandteile vom Markentransfer auf die Muttermarke.[168] Diese Wirkungsrichtung stellt einen zentralen Aspekt der Markentransferstrategie dar[169] und wird im Folgenden ausführlich diskutiert.

- Erhalt und Verstärkung bestehender Muttermarken-Assoziationen
- Verlust und Abschwächung bestehender Muttermarken-Assoziationen
- Generalisierung bestehender Muttermarken-Assoziationen
- Einführung neuer Assoziationen in das Muttermarkenimage

Abbildung 8: Rückwirkungen auf das Muttermarkenimage durch Markentransfers[170]

Durch einen Markentransfer werden dem Verbraucher neue Informationen über die Muttermarke vermittelt, die zu Veränderungen ihres bestehenden Markenimages führen können. Die

[163] Vgl. Kaufmann (2006), S. 8; Keller (2008), S. 502 f.
[164] Vgl. Caspar (2002), S. 239.
[165] Vgl. Kaufmann (2006), S. 7.
[166] Vgl. Günther (2002), S. 7.
[167] Schweiger (1982), S. 463.
[168] Vgl. Reiter (1991), S. 219; Meffert/Heinemann (1999), S. 122; Kaufmann (2006), S. 5 ff.
[169] Vgl. Günther (2002), S. 7.
[170] Eigene Darstellung.

Veränderungen der Markenkern-Assoziationen bezüglich ihrer Assoziationsstärke und subjektiven Wichtigkeit haben hierbei eine besonders große Wirkung auf die Wahrnehmung und Beurteilung des Muttermarkenimages.[171] Im Sinne der Struktur des Markenimages lassen sich vier Rückwirkungseffekte auf die Wahrnehmung und Beurteilung des Muttermarkenimages unterscheiden:[172]

Der *Erhalt* bestehender Assoziationen des Markenkerns und des Peripheren Images unter dem Muttermarkenimage ist gegeben, sofern diese durch den Markentransfer aufgegriffen sowie beim Verbraucher aktiviert werden. Bei diesen Assoziationen kann es sich um faktisches Wissen oder Vermutungen über den Markentransfer handeln. Bezieht sich die Assoziation beispielsweise auf den Verwendungszweck des Markentransfers, liegt ein aktuelles Produktwissen vor. Basiert die Aktivierung der Assoziation auf Erfahrungs- und Vertrauenseigenschaften, wie etwa ein bestimmtes Geschmackserlebnis, kann dies vor der Verwendung des Markentransfers nur auf Vermutungen über den Markentransfer beruhen. Ein Markentransfer kann darüber hinaus bestimmte Assoziationen des Muttermarkenimages hervorheben und ihre *Verstärkung* bewirken, indem die Assoziationen der Marke gezielt beeinflusst und verändert werden, die der Verbraucher bislang eher sehr schwach mit der Marke in Verbindung gebracht hat.[173]

Bei *Verlust bzw. Abschwächung* von bestehenden Muttermarken-Assoziationen ist nach den Assoziationen aus dem Markenkern und den Assoziationen aus dem Peripheren Image zu differenzieren. Eine Abschwächung der Markenkern-Assoziationen durch einen Markentransfer wird dadurch verursacht, dass ein Verbraucher eine bestehende Markenkern-Assoziation nicht auf den Markentransfer überträgt oder die Assoziation nicht durch den Kontakt mit dem Markentransfer beim Verbraucher aktiviert wird. Im Vergleich zu den übrigen Markenkern-Assoziationen verringert sich demzufolge ihre Aktivierungshäufigkeit. Diese Markenkern-Assoziationen müssen aber der Marke grundsätzlich nicht verloren gehen, sondern werden vom Markenkern in das Periphere Image verlagert, wodurch jedoch ihr Einfluss auf die Wahrnehmung und Beurteilung der Marke langfristig beträchtlich eingeschränkt wird.[174] Der Verlust von Markenkern-Assoziationen kann sogar als Ziel der Markentransferstrategie ver-

[171] Zur Erläuterung der Markenassoziationen hinsichtlich des Markenkerns und des Periphere Images siehe Kapitel 2.1.1.
[172] Vgl. Günther (2002), S. 126.
[173] Vgl. Günther (2002), S. 126 f.
[174] Vgl. Günther (2002), S. 126 ff.

folgt werden. Besitzt eine Marke unerwünschte Imageassoziationen, können diese durch die Einführung neuer Produkte gezielt abgeschwächt bzw. verdrängt werden.[175] Durch einen Markentransfer können ebenfalls die Assoziationen des Peripheren Images beeinflusst werden. Sie können durch neue Informationen überlagert werden und sich somit der Erinnerung entziehen.[176] Findet eine derartige Abschwächung bzw. Überlagerung statt, die ebenfalls durch die Hervorhebung anderer Assoziationen erreicht werden kann, werden die Assoziationen des Peripheren Images beim Kontakt des Verbrauchers mit dem bestimmten Produktbereich der Marke bzw. mit der Marke nicht mehr aktiviert. Diesem folgt der Verlust der peripheren Assoziationen bezüglich ihres Einflusses auf die Wahrnehmung und Beurteilung des Produktbereiches bzw. der gesamten Marke. Die Abschwächung der Assoziationen findet allerdings eher langfristig statt, da sie auf über mehrere Jahre gelernten, assoziativen Verknüpfungen basieren, die nur langfristig abgebaut und überlagert werden. Diese zeitliche Stabilität erklärt auch die eher langfristig eintretenden Rückwirkungen von Markentransfers.[177]

Durch eine *Generalisierung* der bestehenden Muttermarken-Assoziationen wird der Anspruchsbereich der Marke bezüglich der betroffenen Assoziationen erweitert. Die Marke verändert sich dementsprechend in Bezug auf die Assoziationen vom Spezialisten zum Generalisten.[178] Der Effekt der Generalisierung wird in vielen Veröffentlichungen recht unscharf als „Verwässerung“ oder „Markenerosion“ bezeichnet.[179] Hiermit ist im Allgemeinen ein Verlust an Prägnanz des Markenimages gemeint,[180] indem eine Marke ihre eigentliche Bedeutung für den Konsumenten und damit ihr eindeutiges Nutzenversprechen bzw. ihre klare Markenpersönlichkeit verliert.[181] Wird das Sortiment einer Marke immer wieder ergänzt, kann die Marke aufgrund dessen an Prägnanz verlieren.[182] Die Verwässerung der Marke kann schon durch die Einführung eines einzigen neuen Produktes geschehen, falls das Image dieses Transfers nicht mit dem bisherigen übereinstimmt. Dies kann zur Folge haben, dass die Marke ihre eindeutige Positionierung im Markt verliert.[183] Allerdings wird bei diesem Verständnis der Markenverwässerung auf eine Differenzierung zwischen dem Verlust und der Generalisierung der

[175] Vgl. Günther (2002), S. 133.
[176] Vgl. Kroeber-Riel/Weinberg (2003), S. 360.
[177] Vgl. Günther (2002), S. 131 f.
[178] Vgl. Günther (2002), S. 134.
[179] Vgl. Bruhn (1992), S. 646; Roedder John/Loken/Joiner (1998), S. 19; Kottler/Bliemel (1999), S. 709; Kaufmann (2006), S. 9.
[180] Vgl. Günther (2002), S. 133 f.
[181] Vgl. Roedder John/Loken/Joiner (1998), S. 19; Kaufmann (2006), S. 9.
[182] Vgl. Hätty (1989), S. 331.
[183] Vgl. Kaufmann (2006), S. 9.

Assoziationen verzichtet. Im Gegensatz zum Verlust geht bei einer Generalisierung die betroffene Assoziation nicht gänzlich verloren. Sie wird nur bezüglich ihres Produktbereiches erweitert.[184]

Die *Einführung* neuer Assoziationen in Bezug auf das Muttermarkenimage ist ebenfalls im Rahmen der Rückwirkungseffekte zu berücksichtigen. Durch einen Markentransfer wird das Markenimage grundsätzlich um neue Assoziationen erweitert. Die neuen Assoziationen können dabei den Markenkern oder das Periphere Image betreffen. Eine Aufnahme neuer Assoziationen, die dem Markenkern zugeordnet werden, kann nur erfolgen, wenn diese ebenfalls mit den bisherigen, unter der Marke angebotenen Produkten in Verbindung gebracht werden können. Neue produktbezogene Assoziationen können dabei nur bedingt mit den bereits bestehenden Stammprodukten verbunden werden, da diese bezüglich der physischen Beschaffenheit übereinstimmen müssen. Durch diese Einschränkung wird in der Regel ein Großteil dieser neuen Assoziationen nicht unter Markenkernassoziationen, sondern im Peripheren Image abgelegt und so dem Markenimage im weiteren Sinne hinzugefügt. Die Assoziationen des Peripheren Images stehen auch untereinander in Beziehung, was zu Inkonsistenzen führen kann. Entstehen Inkongruenzen zwischen den einzelnen Images der unter der Marke angebotenen Produktbereiche, können diese durch die Einführung von Sub Brands bzw. Endorsed Brands abgeschwächt werden. Durch diese Strategie entsteht eine stärkere Trennung der einzelnen Produktbereichimages aus Sicht des Verbrauchers. Die Assoziationen werden in Bezug auf den übergeordneten Markenkern folglich weniger stark in Verbindung miteinander gesetzt, da eine stärkere Bindung der einzelnen Assoziationen an ihren jeweiligen Bereich entsteht. Die einzelnen Produktbereiche unterstützen dabei jedoch weiterhin den Markenkern des Markenimages.[185]

Die beschriebenen Rückwirkungen auf das Image der Muttermarke sind bei der Erweiterung einer Marke von zentraler Bedeutung. Insbesondere eine mögliche Imagebeeinträchtigung stellt das größte Risiko dar, dem sich eine Marke bei einer Markentransferstrategie ausgesetzt sieht.[186] Die Forschung hat in der Vergangenheit auf diese Thematik reagiert und Studien zu Rückwirkungseffekten von Markentransfers veröffentlicht, die im nächsten Kapitel vorgestellt werden sollen.

[184] Vgl. Günther (2002), S. 133 f.
[185] Vgl. Günther (2002), S. 137 ff.
[186] Vgl. Kaufmann (2006), S. 8.

2.2.5 Forschung und Einflussfaktoren in Bezug auf Rückwirkungseffekte von Markentransfers

Im Rahmen der Markenführung nimmt der Markentransfer eine bedeutende Stellung ein. So häufen sich die Veröffentlichungen von empirischen Studien zum Thema Markentransfers in den vergangenen Jahren. Auch wenn sich der größte Teil der Studien auf die Wahrnehmung und Beurteilung des Markentransfers bezüglich der Transferwirkung bezieht, gibt es ebenfalls einen, wenn auch kleineren Anteil, der insbesondere die Rückwirkungen der Markentransfers auf die Muttermarke betrachtet.[187] Als abhängige Größen zur Ermittlung der Wirkung des Markentransfers auf die Muttermarke findet die Stärke der Muttermarke sowie deren Erkennung und Wiederkauf Verwendung. Überwiegend dienen jedoch sowohl die wahrgenommene Qualität als auch das Image der Muttermarke zur Identifizierung der Rückwirkungen.[188] Da das vorliegende Buch lediglich die Wirkung des Markentransfers auf das Image der Muttermarke beleuchtet, sieht *Tabelle 1* ebenfalls nur eine Übersicht zu den bisherigen Studien einschließlich der ermittelten Einflussfaktoren zu den Rückwirkungseffekten auf das Muttermarkenimage vor. Ein Anspruch auf Vollständigkeit wird aufgrund der Fülle an Studien bei der Aufzählung nicht erhoben. Die Einflussfaktoren sind entsprechend ihres Bezugsobjektes gegliedert.[189]

Es ist anzumerken, dass bezüglich der Ergebnisse zwischen den Studien Widersprüche auftreten. So zeigt beispielsweise ein hoher Fit zwischen der Muttermarke und dem Markentransfer sowohl positive als auch negative Rückwirkungen auf das Image der Muttermarke.[190] Eine Begründung der gegensätzlichen Ergebnisse hinsichtlich der Einflussfaktoren des Muttermarkenimages kann möglicherweise durch Unterschiede im Untersuchungsdesign gegeben sein.

Gruppe	Einflussfaktoren	Autor(en)
Muttermarke	Markenstärke	Roedder John/Loken/Joiner (1998) Sheinin (2000) Völckner/Sattler/Kaufmann (2008)
	Markenbreite	Kardes/Allen (1991)
	Prestige- bzw. funktionsorientierte Marke	Loken/Roedder John (1993) Park/McCarthy/Milberg (1993) Kim/Lavack (1996) Kirmani/Sood/Bridges (1999) Kim/Lavack/Smith (2001)
	Dominanz der Marke in der Produktkategorie	Leong/Ang/Liau (1997) Zimmer/Bhat (2004)

[187] Vgl. Günther (2002), S. 39.
[188] Vgl. Kaufmann (2006), S. 20 ff.
[189] Für eine detaillierte Erläuterung der einzelnen Einflussfaktoren siehe Kaufmann (2006), S. 26 ff.
[190] Vgl. Romeo (1991), S. 405; McCarthy/Heath/Milberg (2001), S. 85.

Gruppe	**Einflussfaktoren**	**Autor(en)**
Muttermarke	Ownership	Kirmani/Sood/Bridges (1999)
	Markeninvolvement	Kirmani/Sood/Bridges (1999)
	Markendehnbarkeit	Völckner/Sattler/Kaufmann (2008)
Transfer	Nähe des Transfers (Line vs. Brand Extension)	Milberg/Park/McCarthy (1997) Reodder John/Loken/Joiner (1998)
	Transferrichtung (step-up vs. step-down)	Kim/Lavack (1996) Kirmani/Sood/Bridges (1999) Kim/Lavack/Smith (2001) Völckner/Sattler/Kaufmann (2008)
	Branding-Strategie (Family vs. Sub-Branding)	Park/McCarthy/Milberg (1993) Kim/Lavack (1996) Milberg/Park/McCarty (1997) Kirmani/Sood/bridges (1999) Kim/Lavack/Smith (2001)
	Erfolg des Transfers	Kardes/Allen (1991) Loken/Roedder John (1993) Park/McCarthy/Milberg (1993) Leong/Ang/Liau (1997) Milberg/Park/McCarthy (1997) Sheinin (2000) Martínez/Pina (2003)
Interaktion	Fit (globale Ähnlichkeit, Markenkonzept-konsistenz)	Romeo (1991) Loken/Roedder John (1993) Park/McCarthy/Milberg (1993) Milberg/Park/McCarthy (1997) Roedder John/Loken/Joiner (1998) McCarthy/Heath/Milberg (2001) Martínez/Pina (2003) Zimmer/Bhat (2004) Martínez/Polo/Chernatony (2008) Salinas/Pérez (2008) Völckner/Sattler/Kaufmann (2008)

Tabelle 1: Übersicht über bisherige Studien und Einflussfaktoren zu Rückwirkungen von Markentransfers auf das Muttermarkenimage[191]

Viele Studien basieren außerdem auf hypothetischen Markentransfers einer etablierten Muttermarke, die speziell für den Untersuchungszweck konstruiert werden.[192] Die damit nicht vorhandene Produkterfahrung der Probanden hinsichtlich des hypothetischen Markentransfers sowie ihre unmittelbare Befragung nach der Manipulation mit Informationen über den Transfer, lässt vermutlich keine Änderung der gefestigten Einstellungen der Probanden hinsichtlich der Muttermarke zu. Somit sind Verzerrungen in den Befunden der Rückwirkungen anzunehmen.[193] Weiterhin werden meist nur wenige mögliche Einflussfaktoren in einer Studie si-mul-

[191] Die Tabelle wurde in Anlehnung an die von Kaufmann (2006), S, 27 ff. genannten Studien erstellt sowie durch neuere Studien ergänzt.

[192] Vgl. Park/McCarthy/Milberg (1993), S. 29; Roedder John/Loken/Joiner (1998), S. 21; Zimmer/Bhat (2004), S. 40.

[193] Vgl. Kaufmann (2006), S. 11.

tan untersucht.[194] All diese Aspekte können Begründungen der teils sehr widersprüchlichen Aussagen zwischen den Befunden der Studien darstellen.[195] Die vorliegende Arbeit versucht, diese Schwächen der bisherigen Studien zu überbrücken.

Das nachfolgende Kapitel 3 leitet die Konzeption des Untersuchungsmodells zu den Rückwirkungseffekten von Markentransfers her und erläutert dabei die dem Modell zugrunde gelegten Einflussgrößen auf das Lifestyle-Markenimage.

194 Vgl. Romeo (1991), S 399 ff.; Sheinin (2000), S. 47 ff.; McCarthy/Heath/Milberg (2001), S. 75 ff.; Zimmer/Bhat (2004), S. 37 ff.

195 Vgl. Kaufmann (2006), S. 10.

3 Konzeptionalisierung eines Untersuchungsmodells zum Einfluss von Markentransfers auf das Lifestyle-Markenimage

3.1 Informations-Integrations-Ansatz

Das Ziel eines jeden Markentransfers besteht in der erfolgreichen Übertragung positiver Eigenschaften der Muttermarke auf den Markentransfer. Eine positive Einstellung der Konsumenten hinsichtlich der Muttermarke soll beispielsweise auf den Transfer übertragen werden. Ebenso bewirkt eine positive Einstellung zum Markentransfer wiederum positive Rückwirkungen auf die Muttermarke.[196] Zur Einstellungsbildung im Rahmen eines Markentransfers stellt der Informations-Integrations-Ansatz eine theoretische Grundlage dar.

Die Einstellungsbildung erfolgt nach der Informations-Integrations-Theorie durch einen zweistufigen Beurteilungsprozess. Die erste Prozessstufe betrifft zunächst die *Valuationsphase.* Auf dieser Stufe erfolgt die Identifikation der relevanten Attribute (Informationsstimuli) des zu beurteilenden Objektes.[197] Die identifizierten Eigenschaften werden schließlich gesondert hinsichtlich ihrer Ausprägung bewertet und ihre persönliche Bedeutung wird bestimmt.[198] Anschließend werden die Einzelbewertungen in der *Integrationsphase* zu einem Gesamturteil zusammengefasst und somit zu einer Einstellung subsumiert.[199] Zur Beurteilung des Markentransfers innerhalb der Valuationsphase sind zwei Alternativen denkbar. Die bereits gespeicherte Einstellung über die Muttermarke, die durch den Markentransfer abgerufen wird, kann als integrierende Information zur Einstellungsbildung hinsichtlich des Markentransfers dienen. Ferner kann die Integration der Informationen sowie die Verknüpfung von Muttermarke und Transfer auf der Ebene einzelner Eigenschaften erfolgen, wenn die Muttermarke und der Markentransfer ähnliche Assoziationen aufweisen.[200] Diese beiden Alternativen werden im „Continuum Model of Impression Formation"-Ansatz von *Fiske und Neuberg* spezifiziert. Nach diesem Ansatz versucht ein Individuum, Informationen über einen neu eingeführten Markentransfer in ein bereits vorhandenes Schema über die Muttermarke zu integrieren. Ist eine hohe Kongruenz zwischen der neuen Information und dem bestehenden Schema gegeben, findet die Informationsverarbeitung auf Basis dieses Schemas statt. Kann die neue Information dagegen nicht in ein vorhandenes Schema zur Muttermarke eingeordnet werden,

---

[196] Vgl. Martínez/Polo/Chernatony (2008), S. 127.
[197] Vgl. Priemer (1999), S. 198.
[198] Vgl. Anderson (1981), S. 5.
[199] Vgl. Anderson (1981), S. 12 ff.
[200] Vgl. Priemer (1999), S. 199, Baumgarth (2003), S. 197. Baumgarth erläutert die Einstellungsbildung beim Co-Branding. Die aufgestellten Zusammenhänge können dabei auf Markentransfers übertragen werden.

wird eine datengesteuerte Informationsverarbeitung angestoßen.[201] Dieser führt dazu, dass neue Informationen einzeln evaluiert und schließlich zu einem Gesamturteil zusammengefasst werden. Allerdings versucht ein Individuum stets, die Informationsverarbeitung auf Basis bestehender Schemata vorzuziehen, um den kognitiven Aufwand für die Verarbeitung neuer Informationen minimal zu halten.[202]

Die beiden wichtigsten Integrationsregeln zur Einstellungsbildung stellen das „Adding“ und das „Averaging“ dar.[203] Nach der Adding-Regel werden die Bewertungen summiert.[204] Jede positive Bewertung einer Eigenschaft führt dabei zu einer Aufwertung des Gesamturteils.[205] Dem Averaging dagegen liegt eine Durchschnittsbildung der gewichteten Eigenschaftsbewertungen zugrunde.[206] Eine Aufwertung erfolgt nur, wenn die Einzelbewertung dem bisherigen Urteil zumindest gleichgestellt ist.[207] Ein Effekt, der im Rahmen der Averaging-Regel ersichtlich wird, ist der sogenannte „Set-Size-Effect“. Dieser besagt, dass eine Erhöhung der Anzahl gleichwertiger Eigenschaften eine extremere Bewertung des Beurteilungsobjektes zur Folge hat. Werden folglich sechs statt drei gleichmäßig positive Merkmale identifiziert, wird das Beurteilungsobjekt positiver bewertet.[208] Auch wenn der Ansatz zunächst widersprüchlich zur Averaging-Regel erscheint, besitzt er doch nur eine Wirkung, wenn die einzelnen Eigenschaften nicht ungleich bewertet werden. Da der Effekt demnach ausschließlich bei gleichwertigen Einzelbeurteilungen auftritt, kommt er doch der Averaging-Regel gleich.[209] Aus dem Set-Size-Effect kann für einen Markentransfer geschlussfolgert werden, dass mehrere gleich gut bewertete Eigenschaften des Markentransfers zu einer positiveren Wahrnehmung der Leistung führen als eine geringere Anzahl gleichwertiger Eigenschaften.[210] Bisherige Forschungsresultate zeigen, dass die Integration der Einzelbewertungen grundsätzlich durch das Averaging erfolgt.[211]

---

[201] Vgl. Fiske/Neuberg (1990), S. 1 ff.
[202] Vgl. Fiske/Neuberg (1990), S. 1 ff; Binsack (2003), S. 88.
[203] Vgl. Priemer (1999), S. 200.
[204] Vgl. Vogel/Huber (2007), S. 30.
[205] Vgl. Priemer (1999), S. 200.
[206] Vgl. Vogel/Huber (2007), S. 30.
[207] Vgl. Priemer (1999), S. 200.
[208] Vgl. Priemer (1999), S. 200 f.
[209] Vgl. Vogel/Huber (2007), S. 46.
[210] Vgl. Vogel/Huber (2007), S. 46. Der von den Autoren postulierte Rückschluss bezieht sich auf den Set-Size-Effect und das Co-Branding. Jedoch scheint eine Abwandlung und Übertragung auf den Markentransfer plausibel.
[211] Vgl. Priemer (1999), S. 202.

Da die Einzelurteile in der Integrationsphase in das vorhandene Einstellungssystem integriert werden, können somit auch Rückschlüsse auf die Rückwirkungseffekte von Markentransfers gezogen werden. Die Konsumenten fassen nicht nur die einzeln bewerteten Merkmale des Markentransfers zu einem Gesamturteil bezüglich des Markentransfers zusammen, sondern integrieren diese neuen Informationen ebenfalls in die Einstellung gegenüber der Muttermarke.[212] Durch den Informations-Integrations-Ansatz wird folglich nicht nur die Beurteilung des Markentransfers an sich, sondern ebenso seine Bedeutung im Sinne der Rückwirkungseffekte auf die Einstellung zur Muttermarke und damit auf deren Image ersichtlich.

Im Folgenden werden die in vorliegendem Buch als potentiell angesehenen direkten Einflussgrößen auf das Lifestyle-Markenimage klassifiziert. Dabei wird der aus dem Informations-Integrations-Ansatz beschriebene Zusammenhang aufgenommen, nachdem die Beurteilung der einzelnen Merkmale des Markentransfers in das existierende System von Einstellungen über die Muttermarke integriert wird.

3.2 Direkte Einflussfaktoren auf das Lifestyle-Markenimage

3.2.1 Markenattribute

Im Rahmen des identitätsbasierten Ansatzes der Markenführung stellen die Markenattribute neben der Markenpersönlichkeit und dem Markennutzen eine Dimension des Markenimages dar.[213] Im Folgenden werden zunächst die einzelnen Komponenten der Markenattribute ausführlich erläutert, bevor auf die Markenpersönlichkeit und den Markennutzen eingegangen wird.

Keller umschreibt die Markenattribute als „descriptive features that characterize a product or service – what the consumer thinks the product or service is or has and what is involved with its purchase or consumption".[214] Dabei differenziert er die Markenattribute nach ihrer Beziehung zum Produkt oder zum Service. Die „product-related attributes" definiert er als diejenigen Bestandteile einer Marke, die zur Erfüllung der von den Konsumenten gesuchten Produkt- bzw. Dienstleistungsfunktion unabdingbar sind.[215] Sie beziehen sich demzufolge auf die

[212] Vgl. Vogel/Huber (2007), S. 46. Die Autoren stellen einen ähnlichen Zusammenhang bezüglich des Co-Brands und der Einstellung zu den Ausgangsmarken dar. Dieser kann jedoch auf die Rückwirkungseffekte von Markentransfers übertragen werden.
[213] Vgl. Plummer (1986), S. 29; Herrmann/Huber/Braunstein (2001), S. 111; Burmann/Stolle (2007), S. 68. Siehe auch Kapitel 2.1.2.
[214] Keller (1993), S. 4.
[215] Vgl. Keller (1993), S. 4; Burmann/Stolle (2007), S. 80; Meffert/Burmann/Kirchgeorg (2008), S. 365.

physischen Komponenten eines Produktes bzw. auf die Ansprüche an eine Dienstleistung. Die „non-product-related attributes“ sind mit dem Erwerb oder dem Verbrauch des Produktes bzw. der Dienstleistung verknüpft und werden nach dem Preis, der Verpackung, den typischen Käufern und der Verwendungssituation unterteilt.[216] Dieser Auffassung über die Attribute einer Marke folgen diverse Autoren.[217] *Metzler* klassifiziert die Markenattribute indessen nach dem Markendiamant von McKinsey,[218] welcher ursprünglich als Instrument zur Strukturierung und Steuerung des Markenimages entwickelt wurde.[219] Hiernach wird nach tangiblen und intangiblen Markenattributen unterschieden. Der Konsument nimmt einerseits die sensorisch erfassbaren Eigenschaften einer Marke wahr. Diese sind unter anderem das Design eines Produktes, sein Preis sowie die Werbung und der ganzheitliche Auftritt der Marke. Bei diesen Eigenschaften handelt es sich größtenteils um physisch oder zumindest sinnlich erfahrbare Elemente, weshalb sie auch als tangible Attribute bezeichnet werden.[220] Jedoch wird eine Marke ebenfalls durch ihre intangiblen Attribute beschrieben, die auf den tangiblen Attributen aufbauen.[221] Verstanden werden hierunter konnotative Merkmale einer Marke, wie ihre Reputation, Herkunft und ihre Persönlichkeit.[222] Im Rahmen der vorliegenden Studie und des dazu entwickelten Modells werden ausschließlich die tangiblen Attribute den Markenattributen zugeschrieben. Die unter anderen innerhalb der intangiblen Attribute erfasste Markenpersönlichkeit wird nach dem identitätsbasierten Markenführungsansatz gesondert als Dimension des Markenimages aufgenommen. Um eine doppelte Einbeziehung zu vermeiden, werden die intangiblen Attribute daher in der vorliegenden Arbeit aus der Betrachtung der Markenattribute ausgegrenzt.

Die von *Metzler* operationalisierten tangiblen Markenattribute können im Sinne des Marketing-Mix kategorisiert werden. So wählt er Indikatoren zur Produktqualität, Verpackung und Sortenvielfalt (Produktpolitik), zum Preis (Preispolitik), zur Distribution (Distributionspolitik) sowie zur Werbung (Kommunikationspolitik).[223] Die Aufnahme dieser Marketinginstrumente ist treffend gewählt, da sich das gewählte Forschungsobjekt „Tafelschokolade“ auf das klassische, produktbezogene Marketing bezieht.[224] Da in vorliegendem Buch der Fokus der Be-

[216] Vgl. Keller (1993), S. 4.
[217] Vgl. Meffert/Burmann (2002), S. 66; Burmann/Stolle (2007), S. 68.
[218] Vgl. Metzler (2005), S. 59.
[219] Vgl. Caspar/Metzler (2002), S. 8.
[220] Vgl. Metzler (2005), S. 58.
[221] Vgl. Riesenbeck/Perrey (2007), S. 79.
[222] Vgl. Esch/Langner/Rempel (2005), S. 119.
[223] Vgl. Metzler (2005), S. 118.
[224] Vgl. Metzler (2005), S. 84.

trachtung auf dem Dienstleistungssektor liegt, ist diese klassische Systematisierung zu er-weitern.

Grundsätzlich werden die Marketinginstrumente in vier Bereiche, die so genannten „4 Ps", gegliedert.[225] Die *Produktpolitik* („Product") wird im Dienstleistungsmarketing als Leistungspolitik bezeichnet[226] und hat eine attraktive und zweckmäßige Gestaltung des Leistungsprogramms zum Ziel. Dieses soll durch eine optimale Festlegung der Kern- und Zusatzleistungen der Dienstleistung realisiert werden.[227] Die Maßnahmen zur Bestimmung des Preises oder, bei Kombination mehrerer Leistungen, mehrerer Preise werden unter dem Begriff der *Preispolitik* („Price") zusammengefasst.[228] Im Gegensatz dazu dient die *Distributionspolitik* („Place") zur Herstellung des Kontaktes mit den Kunden, zur Realisierung von Kaufhandlungen bzw. zur Übermittlung der Dienstleistung an den Kunden.[229] Das vierte „P" innerhalb des klassischen Marketing-Mix erfasst die *Kommunikationspolitik* („Promotion"). Hierunter werden „Maßnahmen der marktgerichteten, externen Kommunikation (…), der innerbetrieblichen, internen Kommunikation (…) und der interaktiven Kommunikation zwischen Mitarbeitenden und Kunden (…)" verstanden.[230] Auch wenn in der Literatur keine Einigkeit darüber besteht, ob diese klassische Systematisierung auf den Dienstleistungsbereich deckungsgleich zu transferieren oder aber zu erweitern ist,[231] folgt diese Arbeit der Aussage *Magraths*, nach der „the four Ps are not enough for the marketing of services".[232] Somit wird der klassische Marketing-Mix, wie in *Abbildung 9* dargestellt, um weitere drei „Ps" ergänzt.

Die *Personalpolitik* („Personnel") wird in diesem Zusammenhang als Schlüssel zur Leistungserstellung sowie ihrer Weitergabe an die Konsumenten gesehen und dies vor allem in einer dauerhaft akzeptablen Art und Weise. Dabei wird die Fähigkeit sowie Freundlichkeit der Mitarbeiter mit dem offerierenden Unternehmen assoziiert und trägt dementsprechend in besonderer Weise zum Erfolg des Unternehmens bei.[233]

---

225 Vgl. Meffert/Bruhn (2009), S. 243.
226 Vgl. Wiesner/Sponholz (2007), S. 78.
227 Vgl. Meffert/Bruhn (2003), S. 360 f.
228 Vgl. Scheuch (2002), S. 234.
229 Vgl. Scheuch (2002), S. 204.
230 Meffert/Bruhn (2009), S. 283.
231 Vgl. Meffert/Bruhn (2009), S. 243.
232 Magrath (1986), S. 44.
233 Vgl. Magrath (1986), S. 48.

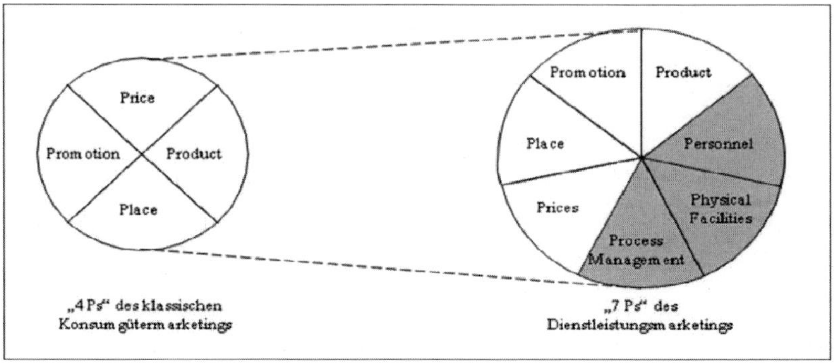

Abbildung 9: Erweiterter Marketing-Mix im Dienstleistungsbereich[234]

Ebenso ist der Aufbau eines positiven und attraktiven Erscheinungsbildes gegenüber den Kunden als wichtig anzusehen.[235] Diesem Ansatz trägt die *Ausstattungspolitik* („Physical Facilities") Rechnung. Die Gestaltung der Räumlichkeiten sollte auf Convenience im Sinne von Bequemlichkeit ausgelegt sein und weiterhin eine effiziente Bedienung sowie Freude und Genuss für den Kunden zulassen.[236] Die *Prozesspolitik* („Process Management") als siebtes Instrument im Dienstleistungssektor zielt auf eine gute Prozessorganisation in allen Bereichen der Dienstleistungserstellung ab. So soll durch eine effiziente Gestaltung der Abläufe ein optimales Qualitätsempfinden des Kunden erreicht werden.[237]

Die Markenattribute, die in Form der „7 Ps" systematisiert werden, nimmt der Kunde zunächst wahr und unterzieht sie schließlich einer Beurteilung. Wie zu Beginn des Kapitels postuliert, verkörpern Markenattribute eine mögliche Dimension des Markenimages und üben hiernach auch eine direkte Wirkung auf das Image aus. Im Rahmen von Markentransferstrategien muss der Rückwirkung, der Markenattribute des Markentransfers, auf die Muttermarke besondere Beachtung geschenkt werden. Diese Attribute stellen einen Teilbereich des Rückwirkungseffektes auf das Muttermarkenimage dar.[238] Wie der Konsument die Markenattribute des Markentransfers wahrnimmt und beurteilt steht in Zusammenhang mit dem Selbstkonzept

---

[234] Eigene Abbildung in Anlehnung an Magrath (1986), S. 45.
[235] Vgl. Wiesner/Sponholz (2007), S. 97.
[236] Vgl. Magrath (1986), S. 48.
[237] Vgl. Wiesner/Sponholz (2007), S. 95.
[238] Vgl. Günther (2002), S. 87.

des Konsumenten, welches somit einen Einfluss auf das Image der Marke als Lifestyle-Marke hat.[239] Vor diesem Hintergrund ergibt sich die folgende Hypothese:

H_1:	Eine positive Wahrnehmung und Beurteilung der Markenattribute des Markentransfers wirkt positiv auf das Image der Muttermarke als Lifestyle-Marke.

3.2.2 Markenpersönlichkeit

Den psychologischen und soziologischen Teilbereich des Markenimages verkörpert die Markenpersönlichkeit.[240] Diese „characterizational beliefs" über eine Marke stellen nach *Plummer* neben den „physical characteristics" und den „functional benefits" eine weitere Komponente des Markenimages dar.[241] Bezugnehmend auf die „Theory of Animism"[242] kann davon ausgegangen werden, dass Konsumenten Marken mit menschlichen Persönlichkeitsmerkmalen verbinden,[243] Die Theorie besagt, dass Menschen ein grundsätzliches Bedürfnis verspüren, nicht lebenden Objekten menschliche Eigenschaften zuzuschreiben und sie damit zu beseelen, um schließlich eine vereinfachte Interaktion mit diesen Objekten zu ermöglichen.[244] „The set of human characteristics associated with a brand", beschreibt demnach die Persönlichkeit einer Marke.[245] Die Konsumentenforschung befasste sich bezüglich der Thematik der Markenpersönlichkeit lange Zeit mit den „Big Five", die in Anlehnung an die menschlichen Persön-lichkeit identifiziert wurden: Extravertiertheit, Liebenswürdigkeit, Gewissenhaftigkeit bzw. Pflichtbewusstsein, emotionale Stabilität und Kultur. Die Analyse der Frage, inwiefern die Nutzung einer Marke zum Ausdruck des individuellen Ichs beitragen kann, liegt dabei im Fokus.[246] *Aaker* postuliert, dass sich die Entstehung der menschlichen Persönlichkeitsmerkmale von der der Markenpersönlichkeit unterscheidet.[247] Menschliche Persönlichkeitsmerkmale werden sowohl durch die Wahrnehmung körperlicher Eigenschaften, individuellen Verhaltens, Einstellungen und Überzeugungen als auch demografischer Eigenschaften hervorgerufen. Dagegen basiert die Wahrnehmung der Markenpersönlichkeit auf direktem und indi-

---

[239] Vgl. Sirgy (1982), S. 288 ff. Zur Erläuterung des Zusammenhangs siehe auch Kapitel 2.1.1.
[240] Vgl. Hieronimus (2003), S. 46.
[241] Vgl. Plummer (1984/1985), S. 29.
[242] Vgl. Gilmore (1919).
[243] Vgl. Meffert/Burmann/Kirchgeorg (2008), S. 365.
[244] Vgl. Mäder (2005), S. 6; Burrmann/Stolle (2007), S. 47.
[245] Aaker (1997), S. 347.
[246] Vgl. Aaker (2001), S. 93.
[247] Vgl. Aaker (1997), S. 348.

rektem Kontakt der Verbraucher mit der Marke.[248] Der Kontakt kann sich dabei sowohl auf Personen, die mit dem Unternehmen assoziiert werden, als auch auf die, von den Konsumenten wahrgenommenen, Ausprägungen der eingesetzten Marketinginstrumente beziehen.[249] Weiter tragen auch demografische Eigenschaften zur Wahrnehmung der Markenpersönlichkeit bei. So reagieren Menschen im Allgemeinen sensibel auf Alterssymbole und stellen sich Objekte häufig geschlechtsspezifisch männlich oder weiblich vor.[250] Die Marke *Marlboro* beispielsweise steht für die amerikanischen Ideale des Wilden Westens und damit verbunden auch für Männlichkeit.[251] Einige Dimensionen der menschlichen Persönlichkeit spiegeln sich folglich auch in der Markenwahrnehmung wieder. Andere jedoch werden nicht mit ihnen in Verbindung gebracht.[252] Zur Messung der Dimensionen der Markenpersönlichkeit entwickelte *Aaker* eine reliable, valide und generalisierbare „Brand Personality Scale" (siehe *Abbildung 10*). Diese besteht aus fünf Persönlichkeitsdimensionen, anhand derer sich die Assoziationen bezüglich der Markenpersönlichkeit unterscheiden lassen: Aufrichtigkeit, Erregung bzw. Spannung, Kompetenz, Kultiviertheit und Robustheit. Den fünf Dimensionen sind 42 Persönlichkeitsmerkmale zugeordnet, die sich in 15 Facetten gliedern lassen.[253]

Aufrichtigkeit	Erregung/Spannung	Kompetenz	Kultiviertheit	Robustheit
• bodenständig • ehrlich • gesund • heiter	• gewagt • temperamentvoll • fantasievoll • modern	• zuverlässig • intelligent • erfolgreich	• vornehm • charmant	• naturverbunden • zäh

Abbildung 10: Brand Personality Scale[254]

Drei der Dimensionen (Aufrichtigkeit, Erregung/Spannung und Kompetenz) sprechen die angeborenen Teile der menschlichen Persönlichkeit an. Dagegen repräsentieren Kultiviertheit und Robustheit Eigenschaften, die ein Individuum zwar begehrt, aber nicht unbedingt besitzt.[255] Es kann angenommen werden, dass Marken von Konsumenten als Mittel zur

[248] Vgl. Aaker (1997), S. 348.
[249] Vgl. Hieronimus (2003), S. 82 f.; Mäder (2005), S. 39; Burmann/ Stolle (2007), S. 48 f. Zu einer ausführlichen Erläuterung der Determinanten der Markenpersönlichkeit siehe Kapitel 3.3.1.
[250] Vgl. Aaker (1997), S. 348.
[251] Vgl. Aaker (1997), S. 353.
[252] Vgl. Aaker (1997), S. 348.
[253] Vgl. Aaker (1997), S. 347 ff.
[254] Eigene Abbildung in Anlehnung an Aaker (2001), S. 98.
[255] Vgl. Aaker (2001), S. 99.

Selbstdarstellung herangezogen werden. Voraussetzung für die Erfüllung der Selbstdarstellungsfunktion ist eine möglichst starke Kongruenz der wahrgenommenen Persönlichkeitsfacetten einer Marke mit dem wirklichen oder idealen Selbstkonzept eines Individuums.[256] Die Nutzung von Marken mit einer entsprechend kongruenten Markenpersönlichkeit erlaubt dem Konsumenten die Repräsentation vor anderen Personen. Mithilfe einer Marke projiziert der Konsument demnach ein Bild von sich, das seiner tatsächlichen Selbstwahrnehmung oder einem Ideal entspricht. Durch das Tragen einer Marke bspw. kann sich ein Konsument auf die Art und Weise vor anderen zeigen, wie er sich selbst sieht oder gerne sehen würde.[257] Für Unternehmen besteht die Möglichkeit, eine Marke mit einer ganz eigenen Persönlichkeit auszustatten. Entsprechende Marketingstrategien führen zum Aufbau innerer Bilder, wie zum Beispiel Herr Kaiser von der *Hamburg-Mannheimer*, oder zu einer Personifizierung der Marke, wie es *Meister Proper* gelungen ist. Die Markenpersönlichkeit übernimmt somit eine Zusatznutzenfunktion, indem beispielsweise „Absolut-Vodka"-Trinker als coole 25-jährige beschrieben werden.[258]

Ein Erklärungsansatz der Markenpersönlichkeit ergibt sich ebenfalls aus der Means End-Theorie.[259] Die vom Konsumenten subjektiv wahrgenommene Markenpersönlichkeit beruht auf der Gesamtheit aller Assoziationen, die beim Nachfrager von der Marke ausgelöst wird. Während einer Kaufentscheidung kommen dem Nachfrager verschiedene Marken in den Sinn. Das Wissen bzw. die inneren Bilder, die der Konsument von den einzelnen Marken hat, sind in einem Bündel von Means End-Leitern abgelegt. Unter Beachtung der produkt- und selbstbezogenen Ziele identifiziert der Konsument Werthaltungen, die aufgrund des idealen Selbstkonzeptes in der spezifischen Produktwahlsituation dominieren. Je mehr Assoziationen einer Marke mit diesen Werten verknüpft sind, desto stärker kommt die Markenpersönlichkeit dem avisierten Selbstkonzept gleich und desto höher ist die Präferenz des Nachfragers für diese Marke.[260]

---

[256] Vgl. Burmann/Stolle (2007), S.49.

[257] Vgl. Herrmann/Huber/Braunstein (2001), S. 113.

[258] Vgl. Aaker (2001), S. 94.

[259] Gemäß der Means-End-Theorie sind verschiedene Arten von Markeassoziationen auf verschiedenen Abstraktionsebenen in der Wissensstruktur eines Individuums miteinander verknüpft. Diese werden in Bezug zu Bedürfnissen und Werten gesetzt und beeinflusseen schließlich das Verhalten der Konsumenten. Diese Wissensstrukturen weisen eine hierarchische Beziehung zwischen Markeneigentschaften, resultierendem Nutzen und persönlichen Werten aus. Vgl. Herrmann/Huber/Braunstein (2005), S. 191; Reynolds/Gutman (1988), S. 11 f.

[260] Vgl. Herrmann/Huber/Braunstein (2001), S. 119 f.

Die Markenpersönlichkeit differenziert folglich die Marke gegenüber Wettbewerbsmarken und generiert einen symbolischen und selbst-expressiven Nutzen.[261] Nimmt der Konsument die Markenpersönlichkeit positiv wahr, führt dies dazu, dass sich der Konsument mit der Marke identifizieren kann.[262] In diesem Zusammenhang spielen die Erkenntnisse der Lebensstilforschung eine wichtige Rolle. Sie ermöglichen eine Orientierung der Markenpersönlichkeit am Lebensstil der jeweiligen Zielgruppe.[263] Diese auf den Lebensstil der Zielgruppe ausgerichtete Markenpersönlichkeit lässt sich mit den Erkenntnissen aus der Markentransferforschung verknüpfen. Vor dem bereits in Kapitel 2.2.4 dargelegten Hintergrund der Rückwirkungseffekte von Markentransfers auf das Image der Muttermarke lässt sich folgende Hypothese ableiten:

H_2:	Eine positive Wahrnehmung und Beurteilung der Markenpersönlichkeit des Markentransfers wirkt positiv auf das Image der Muttermarke als Lifestyle-Marke.

3.2.3 Markennutzen

Als dritte Komponente des Markenimages wird der Markennutzen angesehen.[264] In der Marketingwissenschaft herrscht kein einheitliches Begriffsverständnis vor, vielmehr existiert eine Vielzahl verschiedener Definitionen. *Keller* beschreibt den Markennutzen als persönlichen Wert, den Konsumenten mit Produkt- oder Dienstleistungseigenschaften verbinden.[265] Er stellt damit den wahrgenommenen Grad der Bedürfnisbefriedigung dar, den eine Marke beim Nachfrager, durch die mit ihr verbundenen Eigenschaften, erbringt.[266] Demzufolge wird die Einstellung der Konsumenten nicht durch die Produkte an sich, sondern vielmehr durch deren Eigenschaften hinsichtlich der Befriedigung ihrer Bedürfnisse beeinflusst.[267] Nach dem Means End-Ansatz fungiert der Markennutzen folglich als Mittler zwischen den Markenattributen (means) und dem vom Nachfrager gewünschten Zielzustand (end).[268] Durch den Kauf oder Konsum eines Objektes nimmt der Konsument seine Motive als befriedigt bzw. seine

[261] Vgl. Aaker (1997), S. 347. Der Zusammenhang zwischen der Markenpersönlichkeit und dem Markennutzen wird in Kapitel 3.3.2 ausführlich erläutert.
[262] Vgl. Sattler (2001), S. 142.
[263] Vgl. Meffert/Burmann/Kirchgeorg (2008), S. 365.
[264] Vgl. Plummer (1986), S. 29; Herrmann/Huber/Braunstein (2001), S. 111; Burmann/Stolle (2007), S. 68. Siehe auch Kapitel 2.1.2.
[265] Vgl. Keller (1993), S. 4.
[266] Vgl. Diller (1992), S. 826; Nieschlag/Dichtl/Hörschgen (1997), S. 7 f.; Homburg/Krohmer (2003), S. 410.
[267] Vgl. Lancaster (1966), S. 132 ff.
[268] Vgl. Müller/Gelbrich (2004), S. 316; Burmann/Stolle (2007), S. 25.

angestrebten Ziele als erreicht wahr. Verglichen mit den sonstigen Objektattributen weisen die Nutzenattribute eine höhere Verhaltensrelevanz auf.[269] Eine Konzeptualisierung der Kategorien des Markennutzens nimmt *Vershofen* vor.[270] Neben verschiedenen anderen Ansätzen hat diese Ausarbeitung große Beachtung im deutschen Sprachraum gefunden.[271] *Vershofen* unterscheidet zunächst zwischen einem Grund- und einem Zusatznutzen. Den Grundnutzen bezieht er auf den Grad an Bedürfnisbefriedigung, der durch die stofflich-technischen bzw. physisch-funktionalen Eigenschaften eines Produktes entsteht. Die geistig-seelischen bzw. psychisch-sozialen Bestandteile des Nutzens fasst er unter dem Begriff des Zusatznutzens zusammen.[272] Dieser ist weitestgehend für die „Marktentnahme" von Produkten verantwortlich und deshalb zur Schaffung von präferenzerzeugenden Marken hilfreich. Eine Visualisierung der Konzeptualisierung findet sich in der sogenannten „Nürnberger Nutzenleiter" (siehe *Abbildung 11*). Die Präferenzbildung beim Konsumenten erfolgt hierbei „von links oben nach rechts unten".[273]

Der Zusatznutzen gliedert sich in weitere Nutzenkategorien. Der Geltungsnutzen erwächst aus der sozialen Sphäre, weshalb er auch als sozialer Nutzen bezeichnet wird.[274] Er entsteht durch die Interaktion mit anderen Individuen sowie deren wertendem Urteil.[275] Aus der persönlichen Sphäre, folglich aus dem Konsumenten selbst, formt sich der Erbauungsnutzen. Dieser setzt sich einerseits aus der Leistung des Einzelnen bzw. der daraus resultierenden Schaffensfreude und andererseits aus dem Nutzen aus Wertung, den *Vershofen* als „Zuversicht" benennt, zusammen. Dieser rekrutiert sich aus dem ästhetischen Nutzen, der für Harmonie sorgt, und dem Nutzen durch Zurechtfinden als Nutzen transzendenter Art.

Schließlich entspringt dem Zurechtfindungsnutzen der Nutzen ethischer Ordnung sowie fantastischer Art, der auch als Magie begriffen wird.[276] Auch wenn die von *Vershofen* vorgenommene Klassifikation des Markennutzens einen Mangel an Präzision aufweist und nicht frei

---

[269] Vgl. Burmann/Stolle (2007), S. 24.
[270] Vgl. Vershofen (1959), S. 86 ff.
[271] Vgl. Berekoven (1979), S. 3 f.
[272] Vgl. Moser (1963), S. 216; Berekoven (1979), S. 7.
[273] Vgl. Herrmann/Huber/Braunstein (2001), S. 109.
[274] Vgl. Vershofen (1959), S. 103.
[275] Vgl. Burmann/Stolle (2007), S. 39.
[276] Vgl. Vershofen (1959), S. 87 ff.

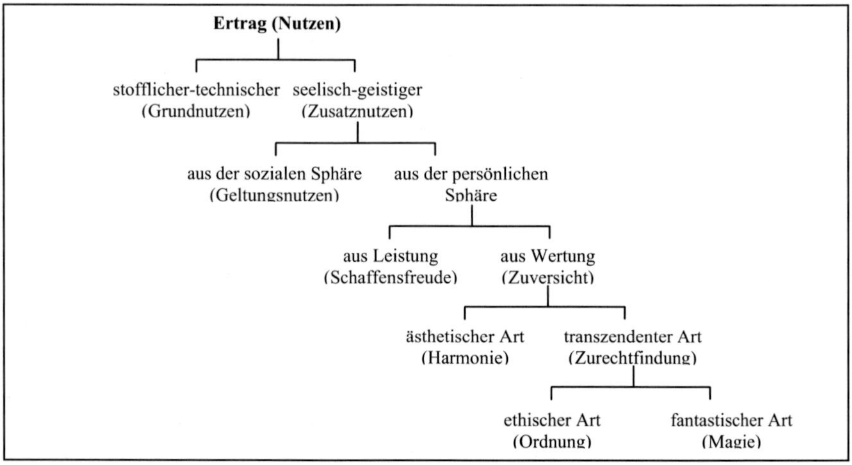

Abbildung 11: Nürnberger Nutzenleiter[277]

von Überschneidungen ist,[278] folgen grundsätzlich einige Autoren dieser Zweiteilung der Nutzendimensionen in Grund- und Zusatznutzen.[279] Andere Studien zeigen zwar inhaltliche Ähnlichkeiten zu der Einteilung von *Vershofen*, reduzieren jedoch gleichzeitig die Anzahl der Nutzendimensionen.[280]

Für die vorliegende Arbeit scheint die tiefgliedrige Definition der Nutzenkategorien nach *Vershofen* zu weit gefasst. Vor diesem Hintergrund wird dem Ansatz von *Sweeney und Soutar* gefolgt. Die Autoren gliedern den Nutzen einer Marke in vier Markennutzenkategorien (siehe *Abbildung 12*).[281] Dieses multidimensionale Konstrukt besteht aus einer funktionalen, einer sozialen, einer emotionalen sowie einer Preis-Wert-Komponente.[282]

Die Autoren stützen die ersten drei Dimensionen, mit Ausnahme der Preis-Wert-Komponente, inhaltlich auf die Arbeit von *Sheth, Newmann und Gross*.[283] Der funktionale Nutzen entspricht dem Begriff des Grundnutzens bei *Vershofen* und beschreibt den durch die Qualität

[277] Eigene Abbildung in Anlehnung an Vershofen (1959), S. 89.
[278] Vgl. Berekoven (1979), S. 8; Herrmann/Huber/Braunstein (2001), S. 109.
[279] Vgl. Bänsch (2002), S. 246; Meffert/Burmann/Kirchgeorg (2008), S. 365 f.
[280] Vgl. Holbrook/Hirschmann (1982), S. 132 ff.; Park/Jaworski/MacInnis (1986), S.135 ff.
[281] Vgl. Sweeney/Soutar (2001), S. 211.
[282] Vgl. Sweeney/Soutar (2001), S. 211; Burmann/Stolle (2007), S. 46.
[283] Vgl. Sheth/Newmann/Gross (1991); Sweeney/Soutar (2001), S. 211.

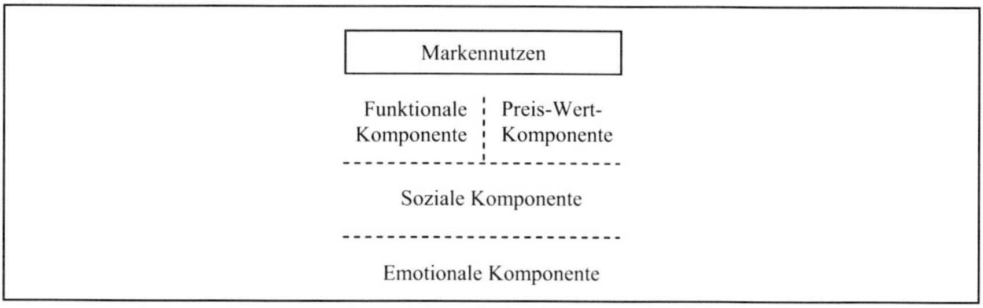

Abbildung 12: Dimensionen des Markennutzens[284]

und die erwartete Leistung des Produktes abgeleiteten Nutzen. Besitzt ein Produkt die Fähigkeit, ein erwünschtes soziales Image im Sinne des Selbstkonzeptes aufzuwerten, entsteht ein sozialer Nutzen. Dieser stimmt weitgehend mit dem Geltungsnutzen bei *Vershofen* überein. Beim emotionalen Nutzen handelt es sich um den vom Konsumenten wahrgenommen Nutzen, der durch das Hervorrufen von Gefühlen entsteht.[285] Die vierte Dimension des Ansatzes von *Sweeney und Soutar*, die bei *Sheth, Newmann und Gross* in den funktionalen Nutzen integriert ist,[286] stellt die Preis-Wert-Komponente dar. Sie wird in diesem Ansatz als eigenständige Dimension verstanden und bezieht sich auf das Preis-Leistungs-Verhältnis eines Produktes.[287]

Die verschiedenen Komponenten des Markennutzens sind, wie aus den Erläuterungen zu erkennen, nicht objektiv erfassbar. Sie basieren vielmehr „auf der subjektiven Wahrnehmung und Beurteilung des Individuums (…)“.[288] Diese unterscheidet sich jedoch nach den verschiedenen Lebensstilen der Konsumenten[289] und wirkt sich daher auch auf die Bewertung einer Marke als Lifestyle-Marke aus. Bezogen auf den Untersuchungsgegenstand des vorliegenden Buches wird folgende Hypothese aufgestellt:

H_3:	Die Wahrnehmung und Beurteilung eines hohen Markennutzens durch den Markentransfer wirkt positiv auf das Image der Muttermarke als Lifestyle-Marke.

[284] Eigene Darstellung.
[285] Vgl. Sweeney/Soutar (2001), S. 211; Burmann/Stolle (2007), S. 44 f.
[286] Vgl. Sweeney/Soutar (2001), S. 206.
[287] Vgl. Sweeney/Soutar (2001), S. 211.
[288] Burmann/Stolle (2007), S. 25.
[289] Vgl. Orth et al. (2004), S. 97 ff.

3.3 Beziehung zwischen den Einflussfaktoren

3.3.1 Zusammenhang zwischen Markenattributen und Markenpersönlichkeit sowie Markennutzen

Kapitel 3.2 diente der Erläuterung der einzelnen Dimensionen des Markenimages sowie zur Herleitung der Hypothesen zu ihrem direkten Einfluss auf das Lifestyle-Image einer Marke. Die einzelnen Komponenten werden in dieser Arbeit jedoch nicht ausschließlich isoliert betrachtet, sondern unterliegen ebenfalls der Untersuchung ihrer Beziehungen zueinander. Diese zu prüfenden Wirkungszusammenhänge werden im Folgenden erörtert. Zunächst wird ein Zusammenhang zwischen den Markenattributen und der Markenpersönlichkeit hergeleitet. Darauf folgt die Darstellung des Zusammenhanges zwischen den Markenattributen und dem Markennutzen.

Die Markenpersönlichkeit spiegelt einen Teil des Markenimages wieder, der „Assoziationen mit menschlichen Persönlichkeitsmerkmalen hervorruft (…)“.[290] Bei der Entstehung der Markenpersönlichkeit wird grundsätzlich zwischen direkten und indirekten Determinanten unterschieden.[291] Dabei bilden reale Personen, die mit einer Marke in Zusammenhang stehen und folglich ihre eigenen Persönlichkeitsmerkmale auf die Marke übertragen können, die Kategorie der direkten Determinanten.[292] Die indirekten Treiber der Markenpersönlichkeit stellen dagegen keine realen Personen dar. Vielmehr wird die Markenpersönlichkeit auf indirekte Art durch die unterschiedlichen Marketing-Maßnahmen determiniert.[293]

Abbildung 13 zeigt eine Gegenüberstellung der direkten und indirekten Determinanten der Markenpersönlichkeit. Sie können nach den „7 Ps“ des Dienstleistungsmarketings eingeteilt werden, die in der vorliegenden Arbeit stellvertretend für die Markenattribute des Markentransfers stehen.[294]

Den indirekten Determinanten der Markenpersönlichkeit können die Produktattribute, das Produktdesign und die Verpackung der Produktpolitik zugeordnet werden. Die Preissetzung ist der Preispolitik zugehörig. Der Distributionskanal ist der Distributionspolitik unterzuordnen. Ferner repräsentiert die Ladengestaltung einen Teil der Ausstattungspolitik. Die Instru-

---

[290] Vgl. Hieronimus (2003), S. 47.
[291] Vgl. Aaker (1997), S. 348; Hieronimus (2003), S. 82; Mäder (2005), S. 38.
[292] Vgl. Mäder (2005), S. 38.
[293] Vgl. Hieronimus (2003), S. 82; Mäder (2005), S. 40.
[294] Zur Herleitung dieser Auffassung siehe Kapitel 3.2.1.

mente der Kommunikationspolitik sind sowohl bei den indirekten als auch bei den direkten Determinanten der Markenpersönlichkeit zu identifizieren. So zählen Werbung sowie Prominente, im Sinne eingesetzter Werbebotschafter, und Avatare zur Kommunikationspolitik. Unternehmensangehörige, wie Mitarbeiter und Vorstand, können als direkte Treiber der Markenpersönlichkeit der Personalpolitik zugerechnet werden. Die ursprünglich von *Aaker*[295] zusammengestellte und von anderen Autoren[296] übernommene Aufstellung der Determinanten der Markenpersönlichkeit lässt sich, wie gezeigt, in sechs Bereiche der „7 Ps" des Dienstleistungsmarketings einteilen. Die Vernachlässigung von Elementen der Prozesspolitik, ist damit zu begründen, dass dieses alle Bereiche der Dienstleistungserstellung betrifft. Das übergeordnete Ziel besteht darin, eine gute Prozessorganisation zur effizienten Gestaltung der Abläufe im Unternehmen zu erreichen.[297] Daher wirken alle anderen Marketinginstrumente, vor allem aber die Mitarbeiter im Rahmen der Personalpolitik,[298] auf die Prozesspolitik, wodurch sie also implizit in den anderen aufgelisteten Aspekten wiederzufinden ist.

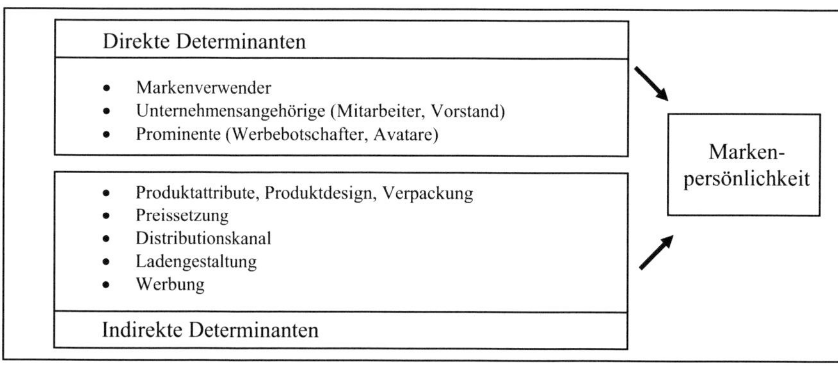

Abbildung 13: Determinanten der Markenpersönlichkeit[299]

Die Wahrnehmung der Markenpersönlichkeit wird „durch jede direkte und indirekte Erfahrung mit der Marke bzw. dem Unternehmen geprägt".[300] Diese ist im Dienstleistungssektor letztlich auf die „7 Ps" zurückzuführen. Daher lässt sich nachstehender Wirkungszusammen-

[295] Vgl. Aaker (2001), S. 95.
[296] Vgl. Hieronimus (2003), S. 83; Mäder (2005), S. 39; Burmann/Stolle (2007), S. 48.
[297] Vgl. Wiesner/Sponholz (2007), S. 95.
[298] Magrath bezeichnet das Personal als Schlüssel zur Erstellung und Weitergabe einer Leistung in einer konsistent akzeptablen Art und Weise. Da die Prozesspolitik die Erhältlichkeit und konsistente Qualität einer Leistung sichert, spielt hier das Personal eine entscheidende Rolle. Vgl. Magrath (1986), S. 48.
[299] Eigene Abbildung in Anlehnung an Aaker (2001), S. 95; Hieronimus (2003), S. 83; Mäder (2005), S. 39.
[300] Hieronimus (2003), S. 82 f.

hang der Markenattribute auf die Markenpersönlichkeit innerhalb des Markentransfers postulieren:

H_{4a}:	Eine positive Wahrnehmung und Beurteilung der Markenattribute des Markentransfers wirkt positiv auf die Wahrnehmung und Beurteilung der Markenpersönlichkeit des Markentransfers.

Eine Erklärung für den Wirkungszusammenhang zwischen den Markenattributen und dem Markennutzen zeigt wieder die Betrachtung der Means End-Theorie. Nachfrager nehmen Marken als ein Bündel von Eigenschaften bzw. Attributen (means) wahr. Diese werden danach bewertet, inwieweit sie einen wünschenswerten Zustand (end) erreichen. Das angestrebte Ziel liegt in diesem Sinne in einem vom Nachfrager subjektiv geschätzten Nutzen.[301] Der Nachfrager leitet aus der Gesamtheit der Markenattribute demzufolge einen subjektiven Wert ab, welchen er der Marke beimisst. Dieser vom Konsumenten abgeleitete subjektive Wert stiftet den Nutzen, der mit der Marke assoziiert wird.[302] Somit besitzen die Markenattribute eine Wirkung auf den vom Konsumenten wahrgenommenen Markennutzen.[303] Vor dem Hintergrund der Thematik des vorliegenden Buches und den zuvor dargestellten Rückwirkungseffekten beim Markentransfer wird der dargelegte Zusammenhang auf die Wirkungsweisen innerhalb des Markentransfers bezogen. Daraus ergibt sich die nächste Hypothese:

H_{4b}:	Eine positive Wahrnehmung und Beurteilung der Markenattribute des Markentransfers wirkt positiv auf die Wahrnehmung und Beurteilung des Markennutzens des Markentransfers.

3.3.2 Zusammenhang zwischen Markenpersönlichkeit und Markennutzen

Im Folgenden wird die in diesem Modell unterstellte Wirkungsbeziehung zwischen der Markenpersönlichkeit und dem Markennutzen hergeleitet. Eine Hilfestellung hierzu leistet die

301 Vgl. Burmann/Stolle (2007), S. 25; Meffert/Burmann/Kirchgeorg (2008), S. 365.
302 Vgl. Weers (2008), S. 44.
303 Vgl. Meffert/Burmann/Kirchgeorg (2008), S. 365.

Konzeptionalisierung von *Aaker*,[304] die den Wert der Markenpersönlichkeit für die Markenführung herausstellt.[305]

Aaker unterscheidet die Wirkungsweise der Markenpersönlichkeit hinsichtlich verschiedener Aspekte und fasst diese in drei Wirkungsmodellen zusammen.[306] Grundsätzlich strebt ein Konsument nach Kongruenz seiner eigenen Persönlichkeit mit der Persönlichkeit der Marke.[307] Stimmt das wirkliche und das ideale Selbstkonzept eines Nachfragers mit der Markenpersönlichkeit überein, verhilft dies dem Konsumenten zur sozialen, selbst-expressiven Profilierung (Self-Expression Model).[308] Weiterhin besitzt die Markenpersönlichkeit einen Einfluss auf die Beziehungsebene zwischen Käufer und Marke. Die Marke wird in der Käufer-Marken-Beziehung als ein aktives Element verstanden und als Freund, Partner und Vertrauensperson angesehen. Somit generiert sie für den Konsumenten einen emotionalen Mehrwert (Relationship Basis Model).[309] Zusätzlich hilft die Markenpersönlichkeit dabei, dass die mit der Marke verbundenen Assoziationen vom Konsumenten aktiver und tiefgreifender verarbeitet werden. So erfolgt durch die Markenpersönlichkeit eine indirekte Verstärkung insbesondere der funktionalen Nutzenkategorien, da diese glaubwürdiger und nachhaltiger in der Wahrnehmung der Konsumenten verankert werden (Functional Benefit Representation Model).[310] Die einzelnen Kategorien des Markennutzens werden in der vorliegenden Arbeit nach der funktionalen, sozialen, emotionalen und Preis-Wert-Komponente nach *Sweeney und Soutar* gegliedert.[311] In Anlehnung an *Burmann und Stolle*[312] erfolgt eine Einteilung der jeweiligen Nutzenkomponenten in die aufgezeigten drei Wirkungsmodelle der Markenpersönlichkeit nach *Aaker*. *Abbildung 14* veranschaulicht die vorgenommene Einteilung.

Die Wahrnehmung der funktionalen sowie der Preis-Wert-Komponente des Markennutzens durch die Konsumenten kann mittels des Functional Benefit Representation Models erklärt werden. Eine gezielt ausgestaltete Markenpersönlichkeit lässt eine authentische Kommunikation der betreffenden Markennutzenkomponenten zu und erlangt dadurch eine höhere Glaubwürdigkeit. Auf die soziale Nutzenkomponente wirkt das Self-Expression Model. Die Mar-

[304] Vgl. Aaker (1996), S. 153 ff.
[305] Vgl. Burmann/Stolle (2007), S. 49.
[306] Vgl. Aaker (1996), S. 153 ff.
[307] Vgl. Herrmann/Huber/Braunstein (2001), S. 113.
[308] Vgl. Aaker (1996), S. 153.
[309] Vgl. Aaker (1996), S. 159 ff.
[310] Vgl. Aaker (1996), S. 168 ff.; Burmann/Stolle (2007), S. 49 f.
[311] Zur Erläuterung dieser Einteilung siehe Kapitel 3.2.3.
[312] Vgl. Burmann/Stolle (2007), S. 79.

kenpersönlichkeit unterstützt den Konsumenten dementsprechend dabei, seine tatsächliche und seine angestrebte Persönlichkeit darzustellen.[313] Schließlich wirkt das Relationship Basis Model auf die emotionale Komponente des Markennutzens. Die Markenpersönlichkeit verhilft dem Konsumenten zur Identifikation mit und zum größeren Vertrauen in die Marke und ruft dadurch positive Gefühle hervor.[314] Diese resultieren in einem emotionalen Mehrwert für den Konsumenten.[315]

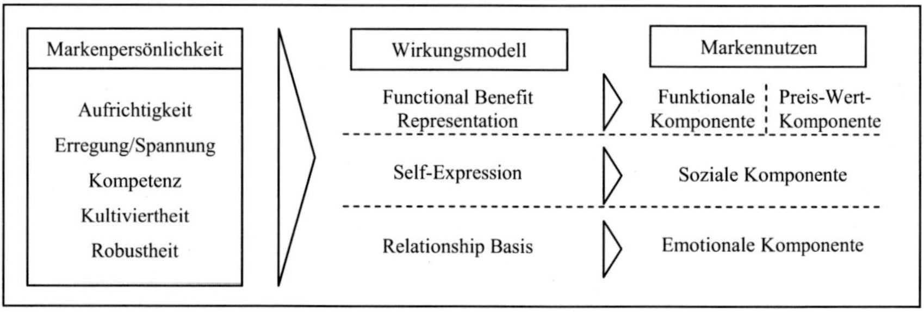

Abbildung 14: Markennutzenwirkungen der Markenpersönlichkeit[316]

Wie zu erkennen ist, kann die Markenpersönlichkeit auf unterschiedlichen Wegen eine Wirkung auf die einzelnen Kategorien des Markennutzens ausüben. In der vorliegenden Arbeit soll der Zusammenhang zwischen der Markenpersönlichkeit des Markentransfers sowie dessen Markennutzen untersucht werden. Daher ergibt sich folgende Hypothese:

> H_5: Eine positive Wahrnehmung und Beurteilung der Markenpersönlichkeit des Markentransfers wirkt positiv auf die Wahrnehmung und Beurteilung des Markennutzens des Markentransfers.

3.4 Mundpropaganda als resultierende Größe

Mit der Absicht das, dieser Arbeit zugrunde liegende, Modell zu finalisieren, wird im weiteren Verlauf die Mundpropaganda[317] als resultierende Größe des Lifestyle-Markenimages diskutiert.

---

[313] Vgl. Burmann/Stolle (2007), S. 79.
[314] Vgl. Sattler (2001), S. 142; Sweeney/Soutar (2001), S. 111; Burmann/Stolle (2007), S. 50.
[315] Vgl. Burmann/Stolle (2007), S. 50.
[316] Eigene Abbildung in Anlehnung an Burmann/Stolle (2007), S. 79.

Die Mundpropaganda wird als Teilmenge des Weiter- bzw. Kundenempfehlungsverhaltens aufgefasst.[318] Sie umschreibt die Übermittlung von Informationen über ein Unternehmen bzw. seine Leistungen durch Kunden, die beeinflussend auf die Einstellungen, Meinungen, Erwartungen und Verhaltensweisen der Adressaten wirkt.[319] Hierunter wird nicht nur die verbale Kommunikation verstanden, sondern auch die Informationsübermittlung beispielsweise über das Internet oder auch nonverbal durch Mimik und Gestik.[320] Die Wertigkeit der Mundpropaganda kann zwei Formen annehmen. Positive Mundpropaganda tritt ein, sofern ein Individuum neuartige und erfreuliche Erfahrungen mit einem Produkt oder Leistungen gemacht hat und sieht eine Weiterempfehlung vor. Dagegen beruht die negative Mundpropaganda auf unangenehmen Erfahrungen, die dazu führen können, dass Kunden ihre schlechte Meinung und Einstellung anderen Personen gegenüber äußern.[321] Die Mundpropaganda besteht folglich aus einer bewertenden Dimension, da positive oder negative Informationen weitergegeben werden, und aus einem konativen Rat in Form einer Weiterempfehlung oder einer Warnung.[322]

Die Einstellung eines Konsumenten, beispielsweise einer Marke gegenüber, besitzt eine verhaltensantreibende und -steuernde Wirkung und übt somit einen Einfluss auf die Mundpropaganda von Konsumenten aus.[323] Der Imagebegriff, der in der vorliegenden Arbeit eine zentrale Rolle einnimmt, kann mit dem Einstellungskonstrukt inhaltlich gleichgesetzt werden. Dies ist damit zu begründen, dass beide Konstrukte übereinstimmende Merkmale aufweisen und beispielweise durch die subjektiven Ansichten eines Individuums bezüglich eines Beurteilungsobjektes geprägt sind.[324]

Der Einfluss des Markenimages auf die Mundpropaganda kann, unter Bezugnahme auf die Kundenzufriedenheit als Mediator, angenommen werden. Im Rahmen empirischer Studien wurde die Mundpropaganda als ein Resultat der Kundenzufriedenheit identifiziert.[325] Als

[317] Für den Term der Mundpropaganda liegen in der deutschen Literatur unterschiedliche Begrifflichkeiten vor. So sind die Begriffe Mundpropaganda, Mund-zu-Mund-Propaganda, Mundwerbung, Mund-zu-Mund-Werbung und Mund-zu-Mund-Kommunikation zu finden, die synonym verwendet werden. Vgl. von Wangenheim (2003), S. 55; Meffert/Bruhn (2009), S. 102; Nießing (2007), S. 19. In der vorliegenden Arbeit wird ausschließlich der Begriff Mundpropaganda verwendet.

[318] Vgl. von Wangenheim (2003), S. 55 f.; Huber/Vollhardt/Siegel (2005), S. 7.

[319] Vgl. Meffert/Bruhn (2009), S. 102.

[320] Vgl. Dichter (1966), S. 155; Kroeber-Riel/Weinberg (2003), S. 526; Huber/Vollhardt/Siegel (2005), S. 8.

[321] Vgl. Anderson (1998), S. 6.

[322] Vgl. Swan/Oliver (1989), S. 517.

[323] Vgl. Kroeber-Riel/Weinberg (2003), S. 171.

[324] Vgl. Kroeber-Riel/Weinberg (2003), S. 197.

[325] Zu einem detaillierten Überblick der empirischen Studien dieser Ursache-Wirkungs-Beziehung siehe Huber/Vollhardt/Siegel (2005), S. 10.

multiattributives Konstrukt ergibt sich die Kundenzufriedenheit aus der Bewertung verschiedener Attribute bzw. Merkmale eines Produktes oder einer Dienstleistung.[326] Zur Entstehung der Kundenzufriedenheit gehört folglich der Prozess der Wahrnehmung, des Bewusstwerdens und der Bewertung eines Objektes im Sinne einer integrierenden Informationsverarbeitung.[327] Dieser Prozess basiert auf einem Vergleich, der durch das C/D-Paradigma (Confirmation/Disconfirmation-Paradigma) veranschaulicht wird. Die Kernaussage dieses Konzeptes besteht darin, dass ein Kunde seine tatsächliche Erfahrung bezüglich einer Leistung (Ist-Leistung) mit seinen bisherigen Erwartungen vergleicht. Stimmt dieser Vergleichsstandard (Soll-Leistung) mit der wahrgenommenen Leistung überein (Konfirmation) entsteht Zufriedenheit. Wird die Soll-Leistung von der Ist-Leistung übertroffen (positive Diskonfirmation) resultiert daraus ein, über dem Konfirmationsniveau liegendes, Zufriedenheitsniveau. Liegt die Ist-Leistung indessen unterhalb der Soll-Leistung ergibt sich ein Zufriedenheitsniveau unterhalb des Konfirmationsniveaus,[328] und es entsteht Unzufriedenheit.[329] *Swan und Oliver* konnten nachweisen, dass eine Steigerung der Zufriedenheit zu einem positiveren Inhalt der Mundpropaganda führt.[330] Darüber hinaus konnte nachgewiesen werden, dass die Kundenzufriedenheit, neben der reinen Produkterfahrung, auch durch das Image eines Unternehmens determiniert wird.[331] Sofern die Marke aus Sicht des Verbrauchers ein Lifestyle-Image verkörpert und aufgrund der Selbstimage-Produktimage-Kongruenz (Passung von Selbstkonzept und Markenpersönlichkeit) ein positive Evaluation der Marke erfolgt,[332] stellt die Marke den Konsumenten zufrieden und wirkt somit auf dessen positive Mundpropaganda. Daraus lässt sich folgende Hypothese ableiten:

H_6:	Je stärker das Image der Muttermarke als Lifestyle-Marke ist, desto positiver ist der Inhalt der Mundpropaganda.

[326] Vgl. Kockelke (2008), S. 18 f.
[327] Vgl. Kockelke (2008), S. 20.
[328] Vgl. Homburg/Stock-Homburg (2006), S. 19 f.
[329] Vgl. Churchill/Surprenant (1982), S. 492.
[330] Vgl. Swan/Oliver (1989), S. 523.
[331] Vgl. Andreassen/Lindestad (1998), S. 19.
[332] Zur Herleitung des Zusammenhanges zwischen der Selbstkongruenz und dem Lifestyle-Image einer Marke siehe Kapitel 2.1.5.

3.5 Moderierende Variablen

3.5.1 Markenvertrautheit zum Markentransfer

Allgemein werden moderierende Variablen als exogene Größen aufgefasst, bei denen davon auszugehen ist, dass sie die Stärke des Wirkungszusammenhanges zwischen unabhängigen und abhängigen Variablen determinieren.[333] In Bezug auf das postulierte Hypothesengeflecht sind drei moderierende Größen von Interesse. In vorliegendem Modell werden die Konstrukte Markenvertrautheit zum Markentransfer, Markenstärke der Muttermarke und Fit zwischen einem Markentransfer und der Muttermarke als mögliche Moderatorvariablen untersucht. Es wird angenommen, dass die Stärke der Rückwirkungen des Markentransfers auf das Image der Muttermarke in Abhängigkeit dieser Einflussgrößen variieren. Die Zusammenhänge werden nun im folgenden Kapitel erläutert.

Der erste mögliche moderierende Effekt bezüglich der Bedeutung des Markentransfers für das Image der Muttermarke als Lifestyle-Marke wird durch den Markentransfer selbst, im Sinne der Markenvertrautheit der Konsumenten mit diesem, postuliert. In bisherigen Studien zu den Rückwirkungseffekten von Markentransfers wurde der mit einem Transfer gemachten Erfahrung als Einflussfaktor auf die Muttermarke wenig Aufmerksamkeit geschenkt.[334] *Kaufmann* hat die Größe im Rahmen ihrer Untersuchung aufgenommen und einen Einfluss auf die Stärke der Rückwirkungen feststellen können.[335] Der Erfahrung mit einem Produkt oder einer Marke wird in der Literatur eine hohe Ähnlichkeit zu den Begriffen Wissen oder Vertrautheit zugesprochen.[336] Der Term Markenvertrautheit wird dabei als unidimensionales Konstrukt verstanden „that is directly related to the amount of time that has been spent processing information about the brand (…)".[337] Zur Verarbeitung von Informationen über eine Marke gehört auch die gemachte Erfahrung mit ihr. So handelt es sich folglich bei der Markenvertrautheit um akkumulierte Erfahrungen, die ein Konsument mit einer Marke verbindet.[338] Vertraute und nichtvertraute Marken unterscheiden sich dabei nach dem Wissen, welches ein Konsument über eine Marke im Gedächtnis gespeichert hat.[339] Somit stellt die Markenvertrautheit eine Dimension des Wissens der Konsumenten über eine Marke dar.[340] Die Vertrautheit mit einer Marke wirkt auf die Verarbeitung von Informationen seitens der Konsumenten

[333] Vgl. Sharma/Durand/Gur-Arie (1981), S. 291.
[334] Vgl. Kaufmann (2006), S. 90.
[335] Vgl. Kaufmann (2006), S. 125.
[336] Vgl. Tam (2008), S. 4.
[337] Vgl. Baker et al. (1986), S. 637.
[338] Vgl. Alba/Hutchinson (1987), S. 411; Tam (2008), S. 4.
[339] Vgl. Campbell/Keller (2003), S. 293.
[340] Vgl. Phau/Sunternnond (2006), S. 35.

und damit auch auf die Beurteilung der Marke.[341] So fällt die Beurteilung einer Leistung, mit der ein Konsument vertraut ist, prinzipiell positiv aus.[342] Diese Erkenntnis kann mit den Rückwirkungen von Markentransfers in Bezug gesetzt werden. Je vertrauter Konsumenten mit einem Produkt sind und je häufiger sie dieses verwenden, desto stärker assoziieren sie es auch mit der entsprechenden Marke.[343] Demzufolge nimmt mit zunehmender Verwendungshäufigkeit und damit auch mit zunehmender Erfahrung mit dem Markentransfer die Stärke der Rückwirkung auf die Muttermarke zu.[344] Da dieser Zusammenhang in der Markentransferforschung erst wenig untersucht ist, ein Einfluss der Markenvertrautheit auf die Rückwirkungseffekte jedoch plausibel erscheint, wird das Konstrukt als moderierende Variable in das Untersuchungsmodell aufgenommen. Die Hypothese zum moderierenden Einfluss der Markenvertrautheit lautet:

H_7:	Die Bedeutung des Markentransfers für das Lifestyle-Markenimage der Muttermarke unterscheidet sich in Abhängigkeit der Markenvertrautheit zum Markentransfer.

3.5.2 Markenstärke der Muttermarke

Die zweite Moderatorvariable im vorliegenden Untersuchungsmodell bezieht sich nicht auf den Markentransfer an sich, sondern auf die Markenstärke der Muttermarke. Es wird angenommen, dass die Markenstärke der Muttermarke eine Wirkung auf die Zusammenhänge zwischen Markentransfer und Muttermarke besitzt.

Durch die Wahrnehmung einer Marke werden bei einem Individuum Vorstellungen aktiviert, die entweder negativer oder positiver Art sein können.[345] Die Vorstellungen resultieren in der Einstellung, die das Individuum gegenüber dieser Marke aufbaut und erlernt, denn grundsätzlich basieren Einstellungen auf individuellen Lernprozessen.[346] Hierbei wird ein Produkt oder eine Marke zunächst vom Konsumenten wahrgenommen und anschließend auf Grundlage der einzelnen Imageeigenschaften bewertet.[347] Die Einstellung wird dabei als multiattributives

[341] Vgl. Homer (2006), S. 37.
[342] Vgl. Zajonc/Markus (1982), S. 125.
[343] Vgl. Roedder John/Loken/Joiner (1998), S. 20.
[344] Vgl. Kaufmann (2006), S. 91.
[345] Vgl. Huber/Herrmann/Peter (2003), S. 348.
[346] Vgl. Huber/Meyer (2008), S. 28; Nieschlag/Dichtl/Hörschgen (2002), S. 595.
[347] Vgl. Huber et al. (2008), S. 10.

Konstrukt anerkannt, das sich aus drei Komponenten zusammensetzt, die in der sogenannten Drei-Komponenten-Theorie zusammengefasst werden.[348] Die kognitive Komponente umfasst dabei das subjektive Wissen über das Einstellungsobjekt. Dagegen beinhaltet die affektive Komponente die Gefühle, die mit dem Meinungsgegenstand verbunden werden. Die konative Komponente wird schließlich von der Ausgestaltung der kognitiven und affektiven Komponente bestimmt und spiegelt die Handlungstendenz des Individuums gegenüber dem Bezugsobjekt wieder.[349] Zwischen den einzelnen Komponenten wird laut dem Drei-Komponenten-Ansatz eine Konsistenz angestrebt. Dies hat zur Folge, dass sich das Wissen, Fühlen und Handeln gegenüber dem Bezugsobjekt vereinheitlicht und verfestigt.[350] Hieraus ist die wahrgenommene Stärke einer Marke zu erklären. Die Markenstärke setzt sich nach Auffassung von *Huber, Herrmann und Peter* ebenfalls aus einer kognitiven, einer emotionalen und einer konativen Komponente zusammen. In ihrer Gesamtheit bilden die einzelnen Komponenten die, von einem Konsumenten subjektiv wahrgenommene und eingeschätzte, Markenstärke.[351] Eine hohe Markenstärke bietet der Marke kaum noch die Möglichkeit einer Verbesserung bzw. Stärkung.[352] Dies stellt jedoch eines der Motive eines Unternehmens dar, eine Marke durch einen Markentransfer zu erweitern.[353]

Die vorliegende Arbeit unterstellt der positiven Wahrnehmung und Beurteilung der Markenattribute, der Markenpersönlichkeit und dem Markennutzen des Markentransfers eine positive Wirkung auf das Image der Muttermarke als Lifestyle-Marke, wodurch eine Aufwertung der Muttermarke generiert wird. Durch die vorangestellten Erläuterungen kann allerdings angenommen werden, dass eine hohe Markenstärke der Muttermarke das Verbesserungspotential ihres Markenimages durch den Markentransfer mindert und somit reduzierend auf die positiven Rückwirkungseffekte des Markentransfers wirkt. In diesem Sinne kann die Markenstärke als Gruppierungsvariable angesehen und folgende Hypothese abgeleitet werden:

H_8:	Die Bedeutung des Markentransfers für das Lifestyle-Markenimage der Muttermarke unterscheidet sich in Abhängigkeit der Markenstärke der Muttermarke.

348 Vgl. Huber/Meyer (2008), S. 29.
349 Vgl. Meffert/Bruhn (2003), S. 119 f.
350 Vgl. Nischlag/Dichtl/Hörschgen (2002), S. 596.
351 Vgl. Huber/Herrmann/Peter (2003), S. 353 f.
352 Vgl. Völckner/Sattler/Kaufmann (2008), S. 112.
353 Vgl. Günther (2002), S. 126 f.

3.5.3 Fit zwischen Muttermarke und Markentransfer

Einer der am häufigsten untersuchten potentiellen Erfolgsfaktoren bezüglich der Transferwirkung oder Rückwirkung von Markentransfers ist der Fit zwischen Muttermarke und Markentransfer.[354] Eine einheitliche Definition für den Fit liegt in der Literatur nicht vor.[355] Jedoch wird der Term grundsätzlich auf die „similarity between the brand and the extension" bezogen.[356] Häufig lässt sich auch eine konkretere Formulierung finden, die die Zugehörigkeitseignung des Markentransfers zu einer Produkt- oder Markenkategorie beschreibt.[357]

Eine Erklärung für die mögliche Zuordnung des Markentransfers innerhalb der Produkt- oder Markenkategorie der Muttermarke leistet die Kategorisierungstheorie. Konsumenten beurteilen einen Markentransfer nach seiner Vereinbarkeit mit dem Kategoriewissen, das sie über die betreffende Muttermarke besitzen. Wird eine Muttermarke um einen Markentransfer erweitert, wird dieser folglich nach seiner Übereinstimmung mit den Assoziationen bezüglich der Muttermarke bewertet. Diese Konsistenz bzw. Inkonsistenz spiegelt den vom Konsumenten wahrgenommenen Fit zwischen Muttermarke und Markentransfer wieder.[358] Eine Vielzahl der Autoren unterteilt dabei den Fit in zwei Dimensionen.[359] Die *globale Ähnlichkeit*[360] beinhaltet die Ähnlichkeitsbeziehungen zwischen dem Markentransfer und anderen Produkten der Marke hinsichtlich verschiedener Aspekte. Neben den konkreten Produkteigenschaften ist die Beziehung von Muttermarke und Markentransfer hinsichtlich der Verwendungssituation dabei von zentraler Bedeutung. So liegt eine Komplementaritäts-beziehung vor, wenn Muttermarke und Markentransfer gemeinsam in derselben Situation verwendet werden können. Kann in einer Situation nur die Muttermarke oder der Markentransfer verwendet werden, substituieren sich die beiden gegenseitig.[361] Einen weiteren Aspekt stellt die Herstellungskompetenz dar. Hierbei handelt es sich um die technische, fachliche und finanzielle Kompetenz des Herstellers bzw. der Marke, Produkte der Transferproduktkategorie herzustellen.[362] Auch wenn Ergebnisse vorhandener Studien ein recht unterschiedliches Bild zeichnen,[363] scheint eine globale Ähnlichkeit die Muttermarke zu stärken und daher positive Rückwirkungen her-

[354] Vgl. Zatloukal (2002), S. 60; Martínez/Pina (2003), S. 435.
[355] Vgl. Bridges/Keller/Sood (2000), S. 1.
[356] Brudvig/Raman (2006), S. 171. Vgl. auch zusätzlich Zatloukal (2002), S. 60; Kaufmann (2006), S. 38.
[357] Vgl. Park/Milberg/Lawson (1991), S. 185; Czellar (2003), S. 102; Martínez/Pina (2003), S. 435.
[358] Vgl. Milberg/Park/McCarthy (1997), S. 122.
[359] Vgl. Czellar (2003), S. 102; Kaufmann (2006), S. 38.
[360] In der englischen Literatur wird der Begriff als „product category fit" bezeichnet. Vgl. Czellar (2003), S. 102.
[361] Vgl. Zatloukal (2002), S. 60.
[362] Vgl. Zatloukal (2002), S. 61.
[363] Für eine Übersicht der divergierenden signifikanten Befunde siehe Kaufmann (2006), S. 41.

vorzurufen. Ein Mangel an globaler Ähnlichkeit bewirkt dagegen eher negative Rückwirkungen.[364]

Die zweite Dimension des Fits betrifft die Übertragung des Markenkonzeptes bzw. des Markenimages auf den Markentransfer und wird unter dem Begriff der *Markenkonzeptkonsistenz*[365] zusammengefasst.[366] Durch konsistente Markentransfers gewinnt das Markenkonzept an Präsenz und wird gleichzeitig gestärkt, was zu positiven Rückwirkungen auf die Muttermarke führt. Negative Rückwirkungen kommen im Gegensatz dazu eher durch inkonsistente Markentransfers zustande, da diese das Markenkonzept um neue, nicht passende Assoziationen erweitern oder durch entgegengesetzte Assoziationen schwächen.[367]

Der Fit zwischen Muttermarke und Markentransfer beruht auf der individuellen Wahrnehmung seitens des Konsumenten.[368] Da die wahrgenommene Konsistenz, wie die Erläuterungen gezeigt haben, einen Einfluss auf die Rückwirkungen auf die Muttermarke ausübt, wird der Fit im vorliegenden Modell als dritte Gruppierungsvariable verwendet. Daraus resultiert die folgende Hypothese:

H_9:	Die Bedeutung des Markentransfers für das Lifestyle-Markenimage der Muttermarke unterscheidet sich in Abhängigkeit des wahrgenommenen Fits zwischen Muttermarke und Markentransfer.

3.6 Das Hypothesensystem im Überblick

Die Intention des vorliegenden Buches liegt darin herauszufinden, inwiefern sich das Image einer Muttermarke aufgrund eines Markentransfers an gesellschaftliche Trends anpassen, respektive die Positionierung der Marke zu einer Lifestyle-Marke verändert lässt. Angenommen wird dabei, dass die Muttermarke selbst in den Augen der Konsumenten noch nicht als eine Lifestyle-Marke wahrgenommen wird.

364 Vgl. Kaufmann/Kurt (2005), S. 14.
365 In der englischen Literatur wird der Begriff als „brand image fit" bezeichnet. Vgl. Kaufmann/Kurt (2005), S. 16.
366 Vgl. Park/Milberg/Lawson (1991), S. 186; Kaufmann/Kurt (2005), S. 16.
367 Vgl. Kaufmann (2006), S. 41 f.
368 Vgl. Bridges/Keller/Sood (2000), S. 1; Czellar (2003), S. 102.

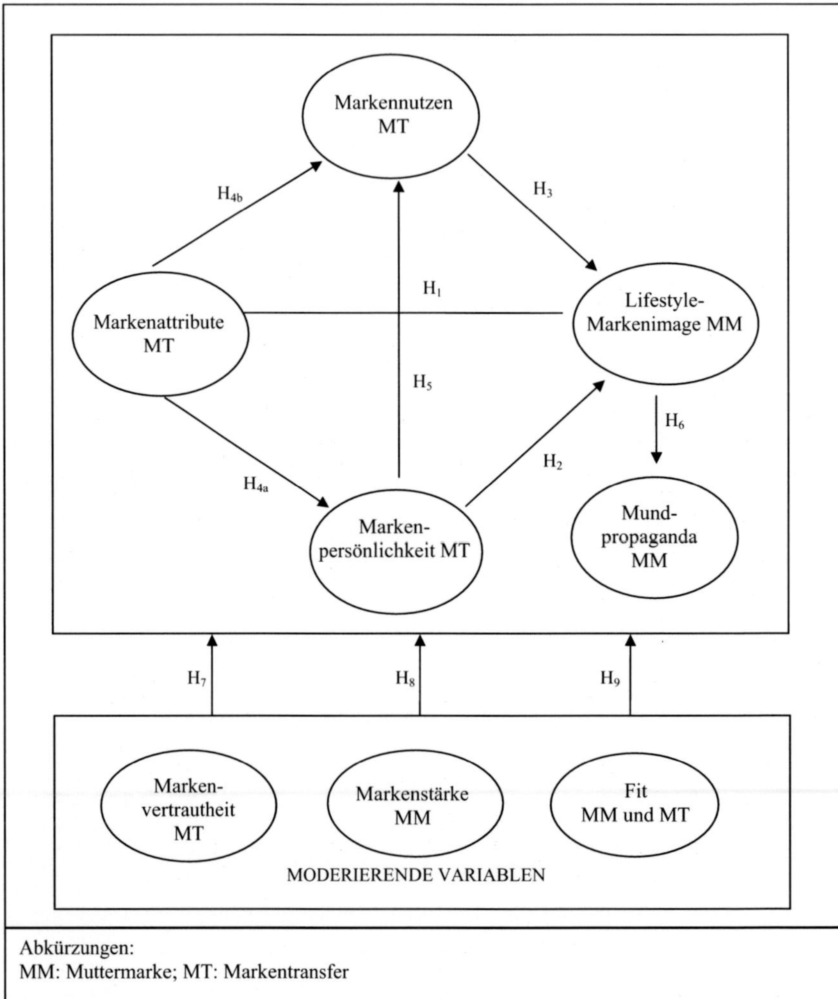

Abbildung 15: Untersuchungsmodell[369]

Der Markentransfer wird grundsätzlich auf seine positive Wahrnehmung und Beurteilung durch die Konsumenten untersucht. Dabei wird ein besonderes Augenmerk auf die Markenattribute, die Markenpersönlichkeit und den Markennutzen gelegt. Da, wie in Kapitel 2.1.5 erläutert, eine positive Wahrnehmung eines Beurteilungsobjektes durch die Konsumenten dazu

[369] Eigene Darstellung.

führt, dass sie sich eher mit diesem identifizieren können, wird davon ausgegangen, dass eine stärkere Wahrnehmung des Transfers erfolgt. Im Rahmen der Theorien über Markentransfers wird folglich die, durch den Markentransfer evozierte, Wirkung dieser Konsumentenempfindung auf die Muttermarke herausgestellt. Hiernach wird untersucht, ob eine generell positive Wahrnehmung und Beurteilung des Markentransfers eine Rückwirkung auf das Image der Muttermarke bewirkt und die Muttermarke mit Imagefacetten einer Lifestyle-Marke aufgeladen werden kann. Unterschiede in der Bedeutung des Markentransfers für das Lifestyle-Markenimage der Muttermarke werden dabei durch die Vertrautheit der Konsumenten mit dem Markentransfer, durch die Markenstärke der Muttermarke sowie dem wahrgenommenen Fit vermutet. Zur Untersuchung dieser Beziehungen wurde folgendes Modell entwickelt (siehe *Abbildung 15*):

4 Empirische Überprüfung der Generierung eines Lifestyle-Markenimages aufgrund von Rückwirkungseffekten am Beispiel von McDonald's und McCafé

4.1 Modellschätzung mittels PLS

4.1.1 Auswahl der PLS-Methode zur Schätzung komplexer Strukturgleichungsmodelle

Die Verwendung von Strukturgleichungsmodellen zur Erforschung komplexer Wirkungszusammenhänge ist seit Anfang der 1970er Jahre stetig gestiegen.[370] Die Untersuchung kausaler Abhängigkeiten kann mit Hilfe der Strukturgleichungsmodelle auch zwischen latenten Variablen erfolgen. Diese entziehen sich einer unmittelbaren Messung, da sie nicht direkt beobachtbar sind.[371] Aus diesem Grund findet die Operationalisierung dieser hypothetischen Konstrukte mittels Indikatoren statt, die unmittelbar messbar sind.[372] Zur Schätzung der in Abhängigkeit stehenden Konstrukte und Indikatoren stellt die Kausalanalyse ein geeignetes Instrument dar.[373] Die Bestimmung eines Kausalmodells mit empirisch erhobenen Indikatorvariablen kann durch zwei verschiedene statistische Verfahren, das kovarianz- und das varianzbasierte Verfahren, geschehen.[374]

Die Schätzung der Modellparameter mittels eines kovarianzbasierten Verfahrens, wie beispielsweise LISREL, findet durch die Maximum-Likelihood-Methode statt, indem die bestmögliche Nachbildung der empirischen Kovarianzmatrix der Indikatoren erfolgt. Dabei werden alle in der Kovarianzmatrix vorhandenen Daten genutzt, weshalb das Verfahren auch als „Full Information Approach" bezeichnet wird. Die Partial Least Squares- (PLS-) Analyse, die ein varianzbasiertes Verfahren darstellt, generiert die Schätzung für das gesamte Modell mittels verschiedener regressionsanalytischer Komponenten.[375] Dabei besteht bei diesem nichtparametrischen Verfahren keine Notwendigkeit der Normalverteilung der Eingangsdaten.[376] Eine identische Verteilung der Residuen wird ebenfalls nicht vorausgesetzt, weshalb Heteroskedastizität bei den Residuen vorliegen kann.[377] Da bei PLS, im Gegensatz zu den kovarianzbasierten Analyseverfahren, eine bestmögliche Reproduktion der Datenstruktur von Interesse ist, ist eine bessere Vorhersage- und Prognosefähigkeit des Verfahrens gegeben. Das

[370] Vgl. Huber et al. (2005), S. 6; Riemenschneider (2006), S. 190.
[371] Vgl. Backhaus et al. (2003), S. 334.
[372] Vgl. Kroeber-Riel/Weinberg (2003), S. 181.
[373] Vgl. Hahn (2002), S. 92.
[374] Vgl. Riemenschneider (2006), S. 190.
[375] Vgl. Huber et al. (2005), S. 10 ff.
[376] Vgl. Fornell/Bookstein (1982), S. 443.
[377] Vgl. Huber et al. (2005), S. 13.

Verfahren liefert überdies bereits bei kleinen Stichproben gute Ergebnisse für die Schätzung umfangreicher, komplexer Modelle.[378]

Aufgrund der genannten Vorzüge des PLS-Verfahrens wird die Überprüfung des Untersuchungsmodells des vorliegenden Buches anhand dieses Ansatzes vollzogen. Im Folgenden wird der PLS-Algorithmus näher spezifiziert.

4.1.2 Kausalanalyse mittels PLS

Die Kausalanalyse stellt ein Instrument zur statistischen Untersuchung kausaler Zusammenhänge dar und basiert auf erhobenen Messdaten.[379] So können einerseits Beziehungen zwischen einer Zielvariablen und ihren Erklärungsgrößen aufgezeigt und andererseits die einzelnen Erklärungsvariablen selbst in Beziehung gesetzt werden. Die Kausalanalyse ermöglicht die Untersuchung latenter, d.h. nicht beobachtbarer,[380] Variablen und berücksichtigt explizit Messfehler, weshalb sie einen Spezialfall der linearen Strukturgleichungsmodelle verkörpert.[381]

Die empirische Prüfung der postulierten Kausalitäten basiert auf drei Submodellen. Die kausalen Abhängigkeiten zwischen den latenten Konstrukten werden im Strukturmodell spezifiziert. Daneben dient das Messmodell grundsätzlich der Schätzung der Konstrukte durch ihre Indikatoren. Hierbei setzt das exogene Messmodell die Indikatoren mit den unabhängigen latenten Größen in Beziehung, wogegen das endogene Messmodell die Beziehung zwischen den Indikatoren und den abhängigen latenten Variablen ausgedrückt.[382] Durch den PLS-Algorithmus wird ein iterativer Prozess angestoßen, der eine optimale Anpassung der Konstruktwerte auf Struktur- und Messmodellebene generiert. Damit die Schätzung eine bestmögliche Annäherung an die tatsächlichen Daten darstellt, werden die Residuen, d. h. die Varianz der Fehlerterme, auf Basis einer Kleinstquadratschätzung minimiert.[383] Das Verfahren wird grundsätzlich durch zwei Approximationsschritte bestimmt. Bei der äußeren Schätzung, auf Messmodellebene, werden die Konstruktwerte als Erwartungswerte der Indikatorvariablen berechnet.[384] Darauf folgt die Schätzung der einzelnen Gewichte in den Messmodellen. Die

[378] Vgl. Huber et al. (2005), S. 12.
[379] Vgl. Hahn (2002), S. 91.
[380] Vgl. Backhaus et al. (2003), S. 335.
[381] Vgl. Huber/ Regier/ Wilhelmi (2005), S. 26.
[382] Vgl. Backhaus et al. (2003), S. 350 f.
[383] Vgl. Cassel/Hackl/Westlund (1999), S. 438; Huber et al. (2005), S. 10 f.
[384] Vgl. Huber et al. (2005), S. 11.

Variablen haben dabei einen Mittelwert von null und sind normiert.[385] Basierend auf den ermittelten Werten werden innerhalb der inneren Schätzung auf Strukturmodellebene verbesserte Werte für die endogenen latenten Variablen auf Grundlage der Konstruktwerte der exogen latenten Größen bestimmt. Die so errechneten Konstruktwerte dienen als Eingangswerte der äußeren Schätzung, wobei die Gewichte neu bestimmt werden.[386] Dieser Vorgang wird so lange wiederholt, bis keinerlei Veränderungen bezüglich der Gewichte und Konstruktwerte der latenten Variablen mehr vorliegen und somit Konvergenz erzielt wurde.[387] Im Anschluss sieht PLS die Berechnung der Werte, für die latenten Variablen, basierend auf den ermittelten Gewichten vor. Die Ladungen zwischen den latenten Variablen und ihren Indikatoren sowie die Pfadkoeffizienten werden mittels einer Ordinary Least Squares- (OLS-) Regression geschätzt. Zum Abschluss werden die Mittelwerte der latenten sowie der manifesten, d. h. der beobachtbaren Variablen und die Ordnungsparameter berechnet.[388]

4.1.3 Operationalisierung mittels formativer und reflektiver Variablen

Bei der Operationalisierung latenter Variablen, durch direkt beobachtbare und messbare Indikatoren, ist dem Verhältnis dieser beiden Größen besondere Aufmerksamkeit zu schenken.[389]

Grundsätzlich kann der kausale Zusammenhang zwischen einem Konstrukt und den zugehörigen Variablen auf zwei Arten gegeben sein. Stellt das Konstrukt die Ursache für die Indikatoren dar, besteht ein reflektiver Zusammenhang. Ist das Konstrukt dagegen eine erklärende Kombination der Indikatoren, liegt eine formative Beziehung zwischen den Größen vor.[390] *Jarvis, MacKenzie und Podsakoff* bieten einen Kriterienkatalog mit einer Vielzahl an Entscheidungsregeln an, nach dem ein Konstrukt als formativ oder reflektiv charakterisiert werden kann.[391] Diese Entscheidungsregeln unterliegen jedoch der grundsätzlichen Frage nach der kausalen Richtung zwischen einem Konstrukt und seinen Indikatoren.[392] *Abbildung16* zeigt eine grafische Darstellung der zwei möglichen Kausalbeziehungen.

---

[385] Vgl. Cassel/Hackl/Westlund (1999), S. 438.
[386] Vgl. Huber et al. (2005), S. 11.
[387] Vgl. Cassel/Hackl/Westlund (1999), S. 348.
[388] Vgl. Huber et al. (2005), S. 12 f.
[389] Vgl. Bollen/Lennox (1991), S. 305 ff.
[390] Vgl. Hahn (2002), S. 93 f.
[391] Vgl. Jarvis/MacKenzie/Podsakoff (2003), S. 203.
[392] Vgl. Huber et al. (2007b), S. 19 f.

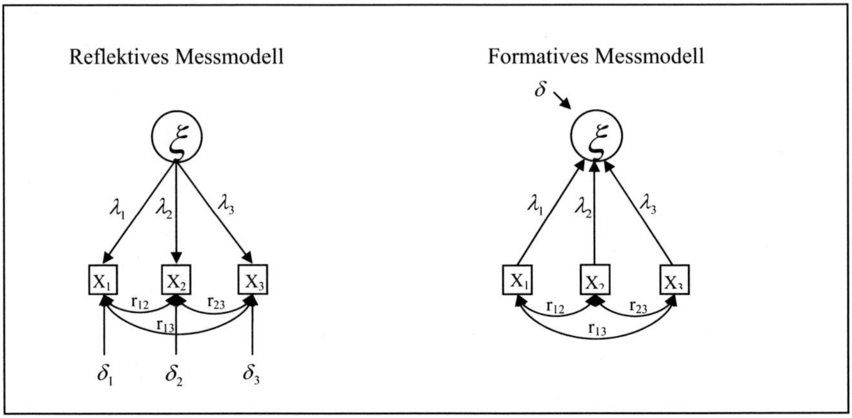

Abbildung 16: Reflektives und formatives Messmodell[393]

Wie die Pfeilrichtung anzeigt, sind beim *reflektiven* Messmodell Veränderungen der Indikatoren auf Veränderungen des Konstruktes zurückzuführen.[394] Das hypothetische Konstrukt verursacht demzufolge die zugeordneten Indikatoren. Formal lässt sich das reflektive Messmodell folgendermaßen darstellen:

$$x_i = \lambda_i \xi + \delta_i . \tag{1.1}$$

Dabei stellt x_i die Indikatorvariable *i* und λ_i den Ladungskoeffizienten von ξ auf den Faktor x_i dar. Die zugrunde liegende latente Variable wird durch ξ beschrieben und δ_i steht für den Messfehler der Indikatorvariablen x_i. Ändert sich der Wert der latenten Variablen, ändern sich ebenfalls die Ausprägungen all ihrer Indikatoren.[395] Dabei liegt die Prämisse zugrunde, dass eine starke Korrelation der Indikatoren eines Konstruktes aus Konsistenzgründen vorliegen muss.[396] Damit einhergehend ist die Begründung der Austauschbarkeit der einzelnen Indikatoren gegeben. Alle Indikatoren stellen Repräsentanten des entsprechenden Konstruktes dar. Sind diese gleichermaßen reliabel, können sie problemlos gegeneinander ausgetauscht

[393] Eigene Abbildung in Anlehnung an Götz/Liehr-Gobbers (2004), S. 717; Riemenschneider (2006), S, 192.
[394] Vgl. Jarvis/MacKenzie/Podsakoff (2003), S. 200.
[395] Vgl. Riemenschneider (2006), S. 194.
[396] Vgl. Bollen/Lennox (1991), S. 307.

werden.[397] Eine gleiche Variation reflektiv operationalisierter Indikatoren aufgrund einer Veränderung des Konstruktes sollte ebenso vorliegen.[398]

Das *formative* Messmodell ist durch die Veränderung des Konstruktes aufgrund der Änderung einer Indikatorvariablen charakterisiert. Jeder Indikator stellt bei der formativen Operationalisierung einen Aspekt des entsprechenden Konstruktes dar, was gleichbedeutend damit ist, dass die Indikatoren in der Summe das Konstrukt abbilden.[399] Das formative Messmodell lässt sich formal in nachfolgender Form darstellen:

$$\xi = \sum_i \lambda_i x_i + \delta . \qquad (1.2)$$

ξ beschreibt die zugrunde liegende latente Variable und x_i den gemessenen Wert der Indikatorvariablen *i*. Der Gewichtungskoeffizienten des Indikators x_i auf die latente Variable ξ wird durch λ_i dargestellt und δ zeigt den Messfehler auf Konstruktebene an. Der Wert der latenten Variablen resultiert somit aus der Summe aller mit ihrem Gewichtungskoeffizienten verrechneten Indikatorvariablen.[400] Im Gegensatz zum reflektiven Messmodell lassen sich die einzelnen Indikatoren nicht austauschen bzw. entfernen, da sie jeweils eine Komponente des zugehörigen Konstruktes abbilden, und somit der definitorische Rahmen des Konstruktes beschnitten werden würde. So sind formative Indikatoren voneinander unabhängig, was bedeutet, dass die Korrelationen zwischen den Indikatoren im formativen Modell nicht durch das Messmodell erklärt werden. Außerdem ist die Variation formativer Messindikatoren, aufgrund ihrer kausalen Richtung, nicht auf die Variation der latenten Variablen zurückführbar.[401]

Die unterschiedlichen Richtungszusammenhänge im reflektiven und formativen Messmodell wurden anhand eines einfaktoriellen Konstruktes dargelegt. Allerdings kann eine komplexere Konzeptualisierung der latenten Variable auch mehrfaktorielle Konstrukte bedingen. Auf diese wird im folgenden Kapitel eingegangen.

---

[397] Vgl. Jarvis/MacKenzie/Podsakoff (2003), S. 200.
[398] Vgl. Huber et al. (2007b), S. 20.
[399] Vgl. Jarvis/MacKenzie/Podsakoff (2003), S. 201.
[400] Vgl. Riemenschneider (2006), S. 197.
[401] Vgl. Riemenschneider (2006), S. 198; Huber et al. (2007b), S. 20.

4.1.4 Konstrukte höherer Ordnung

Die bisherigen Erläuterungen haben sich auf latente, einfaktorielle Konstrukte bezogen, die direkt durch manifeste Indikatoren operationalisiert werden können. Jedoch besteht innerhalb der Kausalanalyse auch die Möglichkeit einer mehrfaktoriellen Operationalisierung.

Ein Konstrukt wird dabei nicht durch direkt messbare Indikatoren erfasst, sondern durch mehrere latente Variablen abgebildet.[402] Die Frage nach Uni- oder Mehrdimensionalität eines Konstruktes kann durch den Abstraktionsgrad begründet werden, der zur Definition dieses Konstruktes nötig ist.[403] Das Konstrukt Kundenzufriedenheit kann beispielsweise durch die Zufriedenheit mit einzelnen Teilleistungen, wie beispielsweise mit angebotenen Produkten bzw. Dienstleistungen, mit dem Personal sowie mit dem Verkaufsraum, gebildet werden. Das Ziel dieser mehrdimensionalen Modellierung ist folglich die Aufnahme und Beachtung mehrere Facetten bzw. Dimensionen eines komplexen Konstruktes. Es stellt somit eine höhere Aggregationsstufe dar und wird als Konstrukt höherer Ordnung bezeichnet. Sind einem Konstrukt lediglich auf einer Ebene Dimensionen vorgelagert (Konstrukte erster Ordnung), die mittels verschiedener Indikatoren gemessen werden, wird vom Konstrukt zweiter Ordnung gesprochen.[404] Der höhere Abstraktionsgrad des Konstruktes zweiter Ordnung sollte bestenfalls ebenso bei den zu ihm in Beziehung gesetzten latenten Variablen vorzufinden sein. Dieser kann durch weitere Konstrukte zweiter Ordnung, jedoch auch lediglich durch inhaltliche Überlegungen gegeben sein.[405] Die Konzeptionalisierung eines Sachverhaltes in Konstrukte erster und zweiter Ordnung erfordert eine unterschiedliche Spezifikation zwischen den Ebenen des betreffenden Konstruktes in Bezug auf eine formative oder reflektive Operationalisierung.[406] Grundsätzlich bestehen vier Kombinationsmöglichkeiten für mehrfaktorielle Operationalisierungen (vgl. *Tabelle 2*).[407] Die unterschiedlichen Typen von Konstrukten zweiter Ordnung entstehen durch den Umstand, dass „a first-order construct can have either formative or reflective indicators, and (...) those first-order constructs can, themselves, be either formative or reflective indicators of an underlying second-order construct".[408]

---

[402] Vgl. Huber (2007b), S. 27.
[403] Vgl. Jarvis/MacKenzie/Podsakoff (2003), S. 204.
[404] Vgl. Albers/Götz (2006), S. 669 f.
[405] Vgl. Huber et al. (2007b), S. 28.
[406] Vgl. Albers/Götz (2006), S. 670.
[407] Vgl. Jarvis/MacKenzie/Podsakoff (2003), S. 204.
[408] Jarvis/MacKenzie/Podsakoff (2003), S. 204.

		Operationalisierung des Konstruktes zweiter Ordnung	
		Reflektiv	Formativ
Operationalisierung des Konstruktes erster Ordnung (Dimensionen)	Reflektiv	Typ I	Typ II
	Formativ	Typ III	Typ IV

Tabelle 2: Kombinationsmöglichkeiten des Modells zweiter Ordnung[409]

Die Behandlung der Konstrukte zweiter Ordnung innerhalb der Analyse von Strukturgleichungsmodellen wird in Kapitel 4.3.1.1 verdeutlicht.

4.1.5 Gütekriterien im PLS-Ansatz

4.1.5.1 Messmodellebene

Der Operationalisierung des Untersuchungsmodells folgt die Prüfung der berechneten Modellzusammenhänge hinsichtlich ihrer Zuverlässigkeit und Gültigkeit. Die Prüfkriterien werden dabei nach der Beurteilung der Güte des Messmodells und des Strukturmodells differenziert.[410] Im Folgenden werden die Gütekriterien des varianzbasierten Verfahrens PLS erläutert. Auf der Ebene des Messmodells sind die Zusammenhänge der Konstrukte und ihrer Indikatoren zu prüfen. Hierbei ist eine Unterscheidung zwischen der formativen und der reflektiven Operationalisierung zu beachten.

Sind die im Modell untersuchten latenten Variablen *reflektiv* operationalisiert, ist sowohl die Höhe der Ladungen der Indikatoren auf das Konstrukt als auch deren Signifikanz von besonderer Bedeutung. Die Ladung der latenten Variable auf einen Indikator sollte dabei einen Wert > 0,7 annehmen. Dies bedeutet, dass mehr als 50 % der Varianz des Indikators auf das Konstrukt zurückzuführen ist.[411] Durch die Bootstrapping- und Jackknifing-Methode lässt sich bei PLS die Signifikanz der Ladungen ermitteln. Die durch diese Resampling-Methoden berechneten t-Werte sollten bei einem einseitigen Test mit einem 5 %-igen Signifikanzniveau einen Wert > 1,66 besitzen. Sind diese Gütekriterien für einen Indikator nicht erfüllt, ist dieser aus dem Modell zu eliminieren.[412]

[409] Eigene Darstellung in Anlehnung an Huber et al. (2007b), S. 29.
[410] Vgl. Huber et al. (2005), S. 30 f.
[411] Vgl. Hulland (1999), S. 198.
[412] Vgl. Huber et al. (2005), S. 31.

Zur Beurteilung der Konvergenzvalidität werden die Faktorreliabilität und die durchschnittlich erfasste Varianz herangezogen. Die Faktorreliabilität, die das erste Kriterium der Konvergenzvalidität darstellt, zeigt, wie gut sich ein Konstrukt zur Beurteilung seiner reflektiven Indikatorvariablen eignet und lässt sich formal definieren als

$$FR = \frac{\left(\sum_i \lambda_{ij}\right)^2}{\left(\sum_i \lambda_{ij}\right)^2 + \sum_i \operatorname{var}(\varepsilon_i)}. \qquad (2.1)$$

Hierbei bezeichnet λ_{ij} die Ladung des Indikators i der latenten Variable j und $\operatorname{var}(\varepsilon_i)$ bestimmt sich über $1-\lambda_{ij}^2$. Der Wertebereich für die Faktorreliabilität liegt zwischen 0 und 1, wobei ein Wert > 0,7 akzeptabel ist. Das zweite Kriterium für die Konvergenzvalidität ist die durchschnittlich erfasste Varianz (DEV). Sie überprüft die Höhe des, durch einen Faktor erklärten, Varianzanteils beobachtbarer Variablen im Verhältnis zum nicht erklärten Varianzanteil. Ermitteln lässt sich die DEV anhand folgender Formel:

$$DEV = \frac{\sum_i \lambda_{ij}^2}{\sum_i \lambda_{ij}^2 + \sum_i \operatorname{var}(\varepsilon_i)}. \qquad (2.2)$$

λ_{ij} stellt dabei die Ladung zwischen einem Indikator i und einem Konstrukt j dar und $\operatorname{var}(\varepsilon_i)$ wird über $1-\lambda_{ij}^2$ berechnet. Die DEV kann dabei ebenfalls Werte zwischen 0 und 1 annehmen, jedoch sollte ein Wert > 0,6 vorliegen.[413]

Die DEV wird ebenso zur Bestimmung der Diskriminanzvalidität verwendet. Diese liegt vor, wenn sich die Messergebnisse der einzelnen Messmodelle hinsichtlich verschiedener Konzepte unterscheiden.[414] Nach *Fornell und Larcker* ist Diskriminanzvalidität gegeben, wenn die DEV eines Konstruktes größer ist als jede quadrierte Korrelation dieses Konstruktes mit einer anderen latenten Variablen im Untersuchungsmodell. Die gemeinsame Varianz zwi-

413 Vgl. Huber et al. (2005), S. 31 f.
414 Vgl. Riemenschneider (2006), S. 196.

schen dem Konstrukt und seinen Indikatoren soll folglich größer sein als die gemeinsame Varianz mit anderen Konstrukten.[415]

Ein weiteres Kriterium zur Prüfung reflektiver Operationalisierungen stellt die Unidimensionalität dar. Diese überprüft aufgrund der Höhe und Korrelation der Residuen, ob die Indikatoren eines Konstruktes auch lediglich auf dieses laden und die Indikatoren somit eindeutig dem Konstrukt zuzuordnen sind. Eine hohe Korrelation sollte demnach nur zwischen Indikatoren bestehen, die ein und dasselbe Konstrukt operationalisieren.[416]

Abschließend ist zur Überprüfung reflektiver Operationalisierungen *Stone-Geissers* Q^2 zu berechnen. Dieses Gütekriterium verdeutlicht, wie gut eine latente Variable durch ihre Indikatoren dargestellt wird. Mittels einer Blindfolding-Prozedur in PLS werden die Werte ermittelt. Nimmt Q^2 einen Wert > 0 an, ist die Vorhersagevalidität des Modells gegeben.[417]

Zur Beurteilung der *formativ* operationalisierten Konstrukte sind besonders die multiplen Regressionskoeffizienten zwischen der latenten Variable und den Indikatoren wie auch deren Signifikanz relevant. Aufgrund der Regressionskoeffizienten kann eine Aussage über die Vorhersagevalidität einer Indikatorvariablen hinsichtlich des Konstruktes gemacht werden. Der durch die Bootstrapping- bzw. Jackknifing-Prozedur ermittelte t-Wert lässt auf die Reliabilität des Regressionskoeffizienten schließen.[418] Damit der Einfluss der einzelnen Indikatoren auf die latente Variable signifikant ist, muss der t-Wert bei einem zweiseitigen Test einen Wert $> 1{,}98$ annehmen.[419] Im Gegensatz zu den reflektiv operationalisierten latenten Variablen sind im formativen Messmodell keine Indikatoren zu eliminieren. Dies würde den definitorischen Inhalt des entsprechenden Konstruktes verfälschen.[420]

Die Diskriminanzvalidität wird aufgrund der Prädiktorenspezifikation mittels der Berechnung konkreter Werte für die Konstrukte über alle Individuen ermittelt. Die Konstruktwerte der sich so ergebenden Korrelationsmatrix sollten Korrelationen $< 0{,}9$ annehmen, damit eine hinreichende Diskriminanz vorliegt.[421]

---

415 Vgl. Huber et al. (2005), S. 32.
416 Vgl. Gefen/Straub/Boudreau (2000), S. 25.
417 Vgl. Huber et al. (2005), S. 33 f.
418 Vgl. Huber et al. (2005), S. 34.
419 Vgl. Huber et al. (2005), S. 41.
420 Vgl. Jarvis/MacKenzie/Podsakoff (2003), S. 202.
421 Vgl. Huber et al. (2005), S. 35.

Anhand des Variance Inflation Factors (VIF) lässt sich die Multikollinearität zwischen den formativen Indikatoren überprüfen. Dieser Wert basiert auf dem Varianzanteil eines Indikators, der durch die anderen Indikatoren des betreffenden Konstruktes erklärt werden kann. Formal kann der VIF folgendermaßen ausgedrückt werden:

$$VIF = \frac{1}{1-R^2}. \qquad (2.3)$$

R^2 stellt hierbei das Bestimmtheitsmaß dar. Ist der VIF-Wert < 10, liegt keine Multikollinearität vor und die Schätzung gilt als zuverlässig.[422]

4.1.5.2 Strukturmodellebene

Auf der Ebene des Strukturmodells werden die postulierten hypothetischen Zusammenhänge zwischen den einzelnen latenten Variablen geprüft, um die nomologische Validität des Modells zu bestätigen. Der Einfluss eines Konstruktes auf ein kausal nachgelagertes Konstrukt wird dabei durch die Höhe der Strukturparameter bestimmt. Deren Signifikanzen werden wiederum durch die t-Werte, die durch die Bootstrap- oder Jackknifing-Methode berechnet werden, ermittelt.[423]

Im PLS-Verfahren interessiert die bestmögliche Varianzerklärung eines Konstruktes. Zur Bestimmung des erklärten Varianzanteils einer Zielvariablen wird das Bestimmtheitsmaß R^2 verwendet.[424] Analog zum Messmodell wird ebenfalls auch auf Strukturmodellebene das Vorliegen der Multikollinearität überprüft. Hierfür ist wiederum der VIF-Wert heranzuziehen.[425] Zur Bestimmung der Vorhersagerelevanz des Strukturmodells wird erneut *Stone-Geissers* Q^2 für die endogenen, reflektiv operationalisierten Konstrukte verwendet. Nimmt Q^2 einen Wert > 0 an, ist eine hinreichende Prognosefähigkeit des Modells gegeben.[426]

Die relevanten Kriterien zur Prüfung der Modellgüte sind in *Tabelle 3* zusammengefasst. Diese gibt eine Übersicht über die Gütekriterien des reflektiven und formativen Messmodells sowie des Strukturmodells.

---

[422] Vgl. Huber et al. (2005), S. 35.
[423] Vgl. Huber et al. (2005), S. 35.
[424] Vgl. Huber/Herrmann/Peter (2003), S. 358.
[425] Vgl. Huber et al. (2005), S. 36.
[426] Vgl. Fornell/Bookstein (1982), S. 450; Huber et al. (2005), S. 36.

Messmodell			**Strukturmodell**	
	Reflektiv	**Formativ**		
Gewichte	Irrelevant	(keine Vorgabe)	**Struktur-parameter**	(keine Vorgabe)
Ladung	> 0,8	Irrelevant	**t-Wert**	Zweiseitig > 1,98
t-Wert	Einseitig > 1,66	Zweiseitig > 1,98	**R^2**	> 0,3
Multi-kollinearität	(nicht möglich)	VIF < 10	**Multi-kollinearität**	VIF < 10
Vorhersage-validität	Stone-Geissers Q^2 (Kommunalität) > 0	(nicht möglich)	**Vorhersage-Validiät** **(bzgl. endogener reflektiver Konstrukte)**	Stone-Geissers Q^2 (Redundanz) > 0
Unidimen-sionalität	Höhe und Korrelation Resi-duen Kreuzladungen	(nicht möglich)		
Konvergenz DEV **Konstrukt-reliabilität**	> 0,6 > 0,7	(nicht möglich) (nicht möglich)		
Diskrimi-nanz	Fornell-Larcker-Kriterium	Konstrukt-Korrelationen (< 0,9)		

Tabelle 3: Prüfkriterien für PLS-Modelle[427]

4.1.5.3 Modellvergleich

Die Stärke der unterstellten Wirkungszusammenhänge zwischen den unabhängigen und abhängigen Variablen des Untersuchungsmodells kann sich aufgrund moderierender Effekte unterscheiden. Ein Moderator stellt dabei eine exogene Größe dar, die diese Unterschiede determiniert.[428] In der Kausalanalyse kann der Effekt moderierender Variablen mittels eines Zwei-Gruppen-Vergleiches überprüft werden. Dabei wird die Stichprobe in Abhängigkeit der interessierenden Moderatorvariablen in zwei Subgruppen geteilt.[429] Die Populationen werden

[427] Eigene Abbildung in Anlehnung an Huber et al. (2005), S. 41.
[428] Vgl. Sharma/Durand/Gur-Arie (1981), S. 291.
[429] Vgl. Huber et al. (2007b), S. 49 f.

dann auf Unterschiede in den Schätzern untersucht.[430] Nach *Chin*[431] muss dabei Modellinvarianz vorliegen. Die Assoziationen zwischen den Konstrukten müssen demnach in beiden Stichproben auf den gleichen Konstruktinhalt, d.h. auf identische Messmodelle zurückgreifen, damit keine statistisch signifikante Abweichung der Messmodelle in beiden Teilstichproben vorliegt. Die Ermittlung der Differenz zwischen zwei Schätzern der beiden Teilgruppen ist anhand der Berechnung eines t-Wertes mittels folgender Formel möglich:

$$t = \left| \frac{p_x^1 - p_x^2}{S * \sqrt{\frac{1}{m} + \frac{1}{n}}} \right| \qquad (3.1)$$

mit

$$S = \sqrt{\frac{m-1}{m+n-2} * \left(\sigma\left(p_x^1\right)\right)^2 + \frac{n-1}{m+n-2} * \left(\sigma\left(p_x^2\right)\right)^2}\,. \qquad (3.2)$$

Der Umfang der ersten Stichprobe wird dabei durch *n*, die Größe der zweiten Stichprobe durch *m* dargestellt. Die Schätzer des Originalsamples hinsichtlich der interessierenden Modellassoziation *x*[432] in beiden Probandenmengen werden durch p_x^1 bzw. p_x^2 ausgedrückt. $\sigma\left(p_x^1\right)$ und $\sigma\left(p_x^2\right)$ bezeichnen die Standardfehler des für das Untersuchungsmodell generierten Boostrap-Samples. Hierbei folgt der ermittelte Wert einer t-Verteilung mit m + n - 2 Freiheitsgraden.[433] Der Untersuchung des Messmodells auf Modellinvarianz folgt, sofern diese gegeben ist, die Prüfung der Strukturmodellinvarianz. *Huber et al.* weisen darauf hin, dass der Anspruch auf Modellinvarianz eine Minderung des Erkenntnisgewinns bewirkt. Die durch einen Gruppenvergleich gewonnenen Ergebnisse müssen aufgrund dieses Kriteriums schon bei geringfügiger Abweichung als nicht signifikant erklärt werden. Daher sollte die Forderung *Chins* nach Modellinvarianz kritisch hinterfragt werden.[434]

---

[430] Vgl. Huber et al. (2005), S. 38.
[431] Vgl. Chin (2000).
[432] Die Modellassoziation *x* kann eine Ladung, ein Gewicht oder ein Strukturgleichungskoeffizient darstellen.
[433] Vgl. Chin (2000), Huber et al. (2005), S. 38.
[434] Vgl. Huber et al. (2005), S. 38 f.

4.2 Konzeption der empirischen Studie

4.2.1 Auswahl des Untersuchungsobjektes und Methode der Datenerhebung

Die Beeinflussung des Images der Muttermarke aufgrund möglicher Rückwirkungen eines Markentransfers wird in der vorliegenden Studie anhand des Unternehmens McDonald's untersucht. Der Fast Food-Konzern, der seit 1971 in Deutschland tätig ist, erweitert stetig sein Sortiment, um sich Veränderungen der Konsumentenbedürfnisse anzupassen. So bietet das Unternehmen seit einigen Jahren neben den traditionellen Hamburgern auch Salate und Fischprodukte an, wirbt mit gesunden Zutaten und informiert seine Kunden über das Internet, in den Restaurants oder auf den Verpackungen über die Nährwerte der Produkte.[435] Es stellt sich die Frage, ob und wie sich das Image der Fast Food-Marke durch diese Anpassungen und Neuerungen verändert. Mit der Markenerweiterung McCafé partizipiert das Unternehmen zusätzlich an dem neuen Coffee-Shop-Trend in Deutschland, denn laut einer Studie von *Gruner+Jahr Media Sales* ist Kaffee das beliebteste Getränk der Deutschen.[436] Es ist „in" Kaffee zu trinken und die Kaffeekultur zu „leben". Die Konsumenten sehen sich selbst als Kaffeetrinker und verbinden ihren eigenen Lifestyle damit.

McDonald's erweitert seine Marke mit McCafé um eine „Endorsed Brand", die durch den „linked name" eine Stützung durch die Muttermarke erfährt.[437] Die in einem Shop im Shop-Konzept umgesetzte Markenerweiterung beinhaltet nicht nur, wie die vorherigen Produktlinienerweiterungen, ein neues Produkt unter dem „linked name", wie beispielsweise McChicken und McFlurry, sondern bietet ein ganzes Angebot adäquater Produkte, wie verschiedene Kaffee- und Kuchenvariationen, Früchtemüslis und Frucht Smoothies unter dem Namen McCafé an.[438] Die Filialen erhalten mit der Integration McCafés eine völlig neue, moderne Lifestyle-Einrichtung.[439] Die gewohnte rot-kahle „Plastik-Optik" weicht modernen Formen und gemütlichen Elementen aus hochwertigen Materialien wie Holz und Leder in angenehmen Farben. Die Produkte werden von ausgebildeten Baristi fachgerecht zubereitet und ausschließlich auf Porzellangeschirr und in Gläsern serviert.[440] Außerdem bietet das Unternehmen eine tägliche „Happy Hour@McCafé" an, in der es seinen Kunden für eine Stunde einen kostenlosen Internetzugang gewährt.[441] Die Neuerungen durch McCafé sollen die Gäste

---

[435] Vgl. McDonalds (o.J.a).
[436] Vgl. o.V. (2008).
[437] Die Erläuterung der Begrifflichkeiten ist Kapitel 2.2.1 zu entnehmen.
[438] Vgl. McDonalds (o.J.c).
[439] Vgl. o.V. (2004); Riegler (o.J.).
[440] Vgl. Riegler (o.J.).
[441] Der Service des Internetzugangs wird in Zusammenarbeit mit T-Mobile realisiert. Vgl. McDonalds (o.J.d).

zum Verweilen und Entspannen in einer angenehmen und zwanglosen Atmosphäre einladen.[442] Der Versuch, durch McCafé ein neu- und einzigartiges Coffee-Shop- bzw. Restauranterlebnis zu generieren,[443] lässt die Intention des Konzerns, in Bezug auf eine Veränderung des Images der Marke McDonald's, immer deutlicher werden.

Die dieser Arbeit zugrunde liegende Annahme ist, dass der Fast Food-Riese vor Einführung der Markenerweiterung McCafé noch kein Image einer Lifestyle-Marke inne hatte.[444] Anhand einer schriftlichen Befragung wurde untersucht, ob McCafé solche Rückwirkungen auf die Muttermarke generiert, die der Marke McDonald's ein Lifestyle-Markenimage verleiht.

Der Fragebogen, der online verschickt wurde, beginnt mit einer kurzen Einleitung über das Unternehmen McDonald's sowie seiner Markenerweiterung McCafé, um die Probanden auf die Thematik der Befragung vorzubereiten. Mit Hilfe einer siebenstufigen Likert-Skala,[445] die von „stimme überhaupt nicht zu" bis „stimme voll zu" reicht, sollen die Probanden zunächst die Markenerweiterung McCafé anhand ihrer Markenattribute, Markenpersönlichkeit und dem Markennutzen bewerten. Anschließend wird die Muttermarke McDonald's thematisiert, indem ihre Markenstärke und ihre Ähnlichkeit bzw. Verbundenheit mit dem Begriff des Lifestyles abgefragt wird. Darauf werden Fragen zur Intention der Probanden, positive Mundpropaganda über McDonald's zu betreiben, gestellt. Zur Feststellung weiterer moderierender Effekte dienen Fragen über die Markenvertrautheit der Probanden mit McCafé und über die Wahrnehmung des Fits zwischen McDonald's und der Markenerweiterung. Weiterhin wird die Ähnlichkeit McCafés mit dem Lifestyle-Begriff abgefragt. Dies dient dazu, die positive Wahrnehmung und Beurteilung der Markenattribute, der Markenpersönlichkeit und des Markennutzens McCafés als Aspekte des Lifestyle-Images zu belegen.

Um die Stichprobe hinsichtlich der Thematik besser charakterisieren zu können, werden weiterhin Fragen gestellt, inwiefern die Probanden gerne Fast Food essen bzw. gerne Kaffee trinken. Zur Beantwortung dieser Fragen steht jeweils eine „ja"- bzw. „nein"-Kategorie zur Verfügung. Daraufhin werden die Probanden mittels einer offenen Frage gebeten, intuitiv und unabhängig von den Marken McDonald's und McCafé einzuschätzen, was sie mit „Lifestyle"

---

[442] Vgl. o.V. (2004).
[443] Vgl. Rieger (o.J.).
[444] McDonald's wurde bisher stärker mit den Aspekten der Kinder- und Familienfreundlichkeit in Verbindung gebracht. Vgl. Aaker (1996), S. 90 ff.; Keller (2008), S. 53.
[445] Diese Skalenform hat sich in der Realität als guter Kompromiss zwischen der hohen Varianz der Daten sowie der den Probanden zugemuteten Belastung bewiesen. Vgl. Landgraf/Huber/Bartl (2006), S. 67.

verbinden. Zum Abschluss des Fragebogens werden soziodemografische Fragen zum Geschlecht, Alter und Beruf der Probanden gestellt, um die Merkmale der Stichprobe weiter spezifizieren zu können.

4.2.2 Beschreibung der Stichprobe und deskriptive Auswertung

Im Rahmen der Online-Befragung können 221 vollständig ausgefüllte Fragebögen identifiziert werden, die als Stichprobe in die Auswertung aufgenommen werden. Durch die erfragten soziodemografischen Eigenschaften der Probanden können die Merkmale der Stichprobe näher charakterisiert werden.

Die Stichprobe besteht zu 64,7 % aus weiblichen und zu 35,3 % aus männlichen Probanden. Etwa 85 % der Probanden gehören zur Altersklasse der 21- bis 30-Jährigen. Auf die Berufsgruppe der Studenten entfallen etwa 60 % der Stichprobe. Der Anteil der Angestellten beträgt ca. 30 %. Die Ergebnisse sind *Tabelle 4* zu entnehmen.

Soziodemografische Eigenschaften		**Häufigkeiten**
Geschlecht	• weiblich	64,7 %
	• männlich	35,3 %
Alter	• 15-20	3,6 %
	• 21-25	51,6 %
	• 26-30	33,9 %
	• 31-40	5,4 %
	• 41-64	5,4 %
Berufsgruppe	• Schüler	2,3 %
	• Student	59,3 %
	• Auszubildender	1,4 %
	• Angestellter	29,9 %
	• Selbstständiger	3,2 %
	• Rentner	0,5 %
	• Sonstiges	3,6 %

Tabelle 4: Soziodemografische Eigenschaften der Probanden der Stichprobe[446]

Weiter setzt sich das Sample überwiegend aus Kaffetrinkern zusammen, währen der Anteil von Fastfood-Essern fast ausgeglichen ist. (vgl. *Abb. 17*). Die Angaben der Probanden hinsichtlich ihrer stärkeren Neigung zu Kaffee im Gegensatz zu Fast Food lässt auf ein mögliches Umpositionierungspotential hin zur Lifestyle-Marke durch die Markenerweiterung McCafé schließen. Dies bekräftigt die Relevanz der vorliegenden Untersuchung.

[446] Eigene Darstellung.

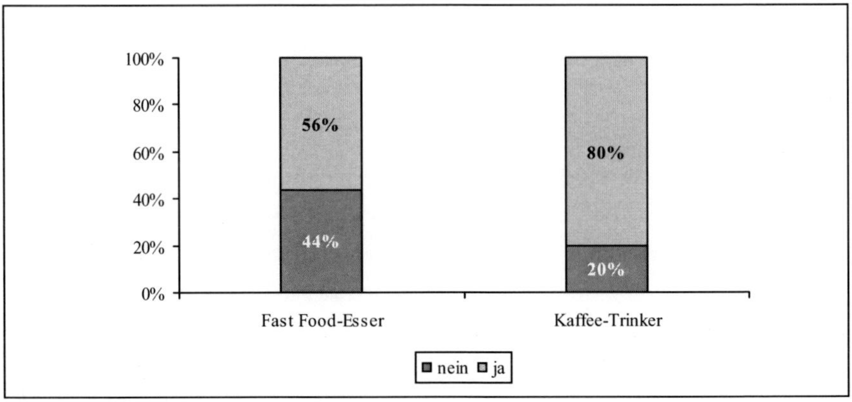

Abbildung 17: Vorliebe der Probanden der Stichprobe bezüglich Fast Food und Kaffee[447]

4.3 Operationalisierung der zu untersuchenden Konstrukte und Darstellung der Schätzergebnisse auf Messmodellebene

4.3.1 Determinanten des Lifestyle-Markenimages

Konstrukte erster Ordnung

Das diesem Buch zugrunde liegende Untersuchungsmodell wurde in Kapitel 3 hergeleitet. Im Folgenden werden die Operationalisierung der latenten Konstrukte sowie die Schätzergebnisse auf Messmodellebene dargestellt.

Die Determinanten des Lifestyle-Markenimages werden durch die Markenattribute, die Markenpersönlichkeit sowie der Markennutzen abgebildet.[448] Alle drei latenten Variablen setzen sich jeweils, wie im Verlauf dieses Kapitels noch ersichtlich wird, aus mehreren unterschiedlichen Facetten bzw. Dimensionen zusammen, deren inhaltliche Relevanz für das betreffende Konstrukt eine isolierte Betrachtung erfahren soll. Diese Komplexität bedingt daher ihre Konzeptualisierung als Konstrukte zweiter Ordnung. Die Konstrukte erster Ordnung (Dimensionen) werden grundsätzlich mittels verschiedener Indikatorvariablen gemessen und bilden dann die Grundlage für die Schätzung der Konstrukte zweiter Ordnung.[449] Wie in Kapitel 4.1.4 bereits erläutert, bedingt diese Form der Konzeptionalisierung eine unterschiedliche Spezifikation der Art der Operationalisierung zwischen den Ebenen des Konstruktes. Der Umgang mit Konstrukten höherer Ordnung hinsichtlich der Analyse von Strukturgleichungs-

---

447 Eigene Darstellung.
448 Vgl. Plummer (1984/85), S. 29; Herrmann/Huber/Braunstein (2001), S. 111; Burmann/Stolle (2007), S. 68.
449 Vgl. Albers/Götz (2006), S. 670.

modellen ist abhängig von der Art ihrer Operationalisierung. Bevor auf die Markenpersönlichkeit und im Anschluss daran auf den Markennutzen eingegangen wird, stehen die Markenattribute des Markentransfers im Fokus der Betrachtung.

Operationalisierung der Markenattribute

Die *Markenattribute* werden in diesem Buch anhand der „7 Ps" des Dienstleistungsmarketings kategorisiert.[450] Diese stellen die Dimensionen der Markenattribute dar und werden folglich als Konstrukte erster Ordnung der latenten Variable „Markenattribute“ (Konstrukt zweiter Ordnung) angesehen. Zu ihrer Operationalisierung wurden mehrere Indikatorbatterien verschiedener Studien herangezogen.

Das erste „P“ bezieht sich auf die Produktpolitik eines Dienstleistungsunternehmens, die für eine bestimmte Marke betrieben wird. Zur Messung dieses Marketing-Mix-Instrumentes wurde ein Teil des Fragenkataloges von *Metzler* verwendet. Dieser beinhaltet Indikatoren hinsichtlich der Aspekte Produktqualität, Verpackung und Sortenvielfalt, die der Produktpolitik zuzurechnen sind.[451] Da sich die Studie von *Metzler* auf das Konsumgütermarketing bezieht, wurden lediglich solche Indikatoren als relevant für die vorliegende Studie erachtet, die sich plausibel auf das Untersuchungsobjekt mit Fokus Dienstleistungsmarketing transferieren lassen. Die Operationalisierung ist hierbei formativer Art, da eine Veränderung der Indikatoren zu einer Variation des Konstruktes führt. *Tabelle 5* zeigt die zur Messung der Produktpolitik verwendeten Indikatoren einschließlich der ermittelten Gewichte und t-Werte.

Die Gewichte der Indikatoren im formativen Messmodell unterliegen keiner Vorgabe. Die t-Werte sollten jedoch bei einem Signifikanzniveau von 5 % einen Wert > 1,98 annehmen, um eine signifikante Aussage darzustellen.[452]

Wie der nachfolgenden Tabelle zu entnehmen ist, erfüllt lediglich ein Indikator aus der Dimension Produktpolitik dieses Anforderungskriterium.

[450] Vgl. hierzu Kapitel 3.2.1
[451] Vgl. Metzler (2005), S. 118.
[452] Vgl. Huber et al. (2005), S. 41.

Indikatoren der Produktpolitik (Markenattribute)		Gewichte	t-Werte
Produktqualität	McCafé verwendet hochwertige Inhaltsstoffe.	0,0032	0,0103
	McCafé verwendet natürliche Inhaltsstoffe.	0,8958	4,4176
	McCafé bietet Produkte von hoher Qualität.	0,1482	0,4600
Verpackung	Die Produkte von McCafé haben eine hochwertige Verpackung.	0,1970	0,9453
	Die Produkte von McCafé sind praktisch verpackt.	0,0646	0,3213
Sortenvielfalt	McCafé bietet Produkte in vielen Sorten an.	0,0288	0,0765
	McCafé hat ein breites Sortiment.	0,0842	0,1997
	Die Produkte bei McCafé gibt es in vielen Geschmacksrichtungen.	0,1558	0,5529

Tabelle 5: Indikatoren der Produktpolitik[453]

Der signifikante Indikator bezieht sich auf die Verwendung natürlicher Inhaltsstoffe. Den Ergebnissen zufolge verkörpert dieser Indikator den wichtigsten innerhalb der Produktpolitik. Auch wenn die anderen Indikatoren den gewünschten Wert nicht erreichen, sind sie trotzdem nicht aus dem Modell zu eliminieren, da dies im formativen Messmodell den definitorischen Inhalt der Dimension Produktpolitik verfälschen würde. Mittels des Variance Inflation Factors, der einen Wert < 10 annehmen soll, wird überprüft, ob Multikollinearität vorliegt.[454] Diese ist bei der Produktpolitik nicht gegeben, was bestätigt, dass die Indikatorvariablen voneinander unabhängige Dimensionen des Konstruktes darstellen.

Das zweite „P“ steht stellvertretend für die Preispolitik. Auch diese Dimension der Markenattribute ist formativ operationalisiert, da die Indikatoren das Konstrukt bilden. Die Indikatoren entstammen ebenfalls der Studie von *Metzler*.[455] Aus Plausibilitätsgründen wurden jedoch nur zwei von drei Indikatoren in die vorliegende Untersuchung aufgenommen (vgl. *Tabelle 6*). Der Indikator „Marke X hat of Aktionspreise“ ist vor dem Hintergrund des vorliegenden Untersuchungsobjektes nicht zielführend.

Der Indikator zum niedrigen Preis der Produkte von McCafé zeigt einen t-Wert > 1,98 und ist damit signifikant, wogegen der andere Indikator der Preispolitik dieses Kriterium nicht erfüllt. Der VIF-Wert < 10 ist für beide Indikatoren gegeben, was auf das Nichtvorhandensein von Multikollinearität innerhalb der Preispolitik schließen lässt.

---

[453] Eigene Darstellung.
[454] Vgl. Huber et al. (2005), S. 35.
[455] Vgl. Metzler (2005), S. 118.

Indikatoren der Preispolitik (Markenattribute)		Gewichte	t-Werte
Preis	Die Produkte von McCafé haben einen niedrigen Preis.	0,9054	2,8852
	Die Produkte von McCafé sind günstiger als die anderer Kaffeehäuser.	0,1342	0,3331

Tabelle 6: Indikatoren der Preispolitik[456]

Die Kommunikationspolitik wird durch das nächste „P" des Dienstleistungsmarketings vertreten und stellt eine weitere Dimension der Markenattribute dar. Ein Aspekt dieses Marketing-Mix-Instrumentes ist die klassische Werbung.[457]

Die von *Metzler* genutzten Indikatoren zur Operationalisierung des Aspektes Werbung wurden vollständig in den Fragebogen der vorliegenden Studie aufgenommen.[458] Zusätzlich wurden zwei Indikatorvariablen zum sogenannten „Ad-Evoked Image" hinzugefügt. Der Grund dafür ist durch die Zielgröße des Lifestyle-Markenimages dieser Arbeit gegeben. Es wird detailliert untersucht, ob die Probanden die Markenerweiterung McCafé hinsichtlich mehrerer Gesichtspunkte positiv wahrnehmen und beurteilen. Hier ist es von Bedeutung, inwiefern die Wahrnehmung der Werbung einen trendigen Lifestyle verstärkt. Dies kann besonders durch die Verwendung von aktuellen Persönlichkeiten beziehungsweise Prominenten erreicht werden. Vor dem Hintergrund, dass sich die Zielgruppe in dem aktuellen Lifestyle (gesellschaftlichen Trend) wiederfindet und ihr eigenes Ich dem Image der Markenerweiterung ähnlich wahrnimmt, ist davon auszugehen, dass die Erweiterung sehr stark wahrgenommen wird.[459] Verbildlicht wird die, vom Unternehmen gewünschte, Markenidentität also durch die Bilder und Persönlichkeiten, die in der Werbung projiziert werden. Diese beiden Indikatoren wurden einer Studie von *Hung* entnommen und, entsprechend der vorliegenden Thematik, leicht modifiziert.[460] *Tabelle 7* präsentiert die verwendeten Indikatoren der Kommunikationspolitik, die wiederum formative Indikatoren darstellen.

Für die Kommunikationspolitik stellt lediglich die ausgefallene Werbung mit einem Signi-fikanzniveau von 5 % einen signifikanten Indikator dar ($t > 1{,}98$). Die anderen Indikatoren üben einen geringen Einfluss auf diese Dimension der Markenattribute aus und sind nicht

[456] Eigene Darstellung.
[457] Vgl. Meffert/Bruhn (2003), S. 449.
[458] Vgl. Metzler (2005), S. 118.
[459] Vgl. Huber/Vollhardt/Siegel (2005), S. 21 f.
[460] Vgl. Hung (2001), S. 43.

Indikatoren der Kommunikationspolitik (Markenattribute)		Gewichte	t-Werte
Werbung	McCafé macht ausgefallene Werbung.	0,7208	2,8379
	McCafé macht viel Werbung.	0,0962	0,4799
	McCafé macht unterhaltsame Werbung.	0,1498	0,6055
Werbebilder/ -persönlichkeiten	Die in den Werbespots von McCafé verwendeten Bilder und Persönlichkeiten sind modern.	0,1285	0,5987
	McCafé verwendet in seinen Werbespots Bilder und Prominente, die für Erfolg stehen.	0,2126	0,7805

Tabelle 7: Indikatoren der Kommunikationspolitik[461]

signifikant. Multikollinearität liegt auch hier wiederum nicht vor (VIF < 10), was darauf schließen lässt, dass alle Indikatoren unabhängige Dimensionen der Kommunikationspolitik darstellen und daher nicht eliminiert werden dürfen.

Das nächste „P" stellt die Distributionspolitik dar. Viele Studien, die die Distributionspolitik thematisieren, beziehen sich auf das Komsumgütermarketing. Sie stellen Fragen zum grundsätzlichen Vorhandensein des Produktes beim Einzelhändler.[462] Da im Bereich der Studien zu Dienstleistungen keine adäquaten Indikatoren vorliegen, dieses Instrument des Marketing-Mix aber aus Gründen der Vollständigkeit der Markenattribute in die Studie einzubeziehen ist, wurden die in *Tabelle 8* aufgeführten Indikatoren aus dem Forschungsbereich „Grossery-Stores" transferiert. Die Items greifen den Gedanken der aktuellen Convenience-Orientierung der Konsumenten auf und versuchen diesen auf die örtliche und zeitliche Erreichbarkeit von McCafé zu übertragen und abzufragen. Eine Orientierung bot dafür die Studie von *Arnold*, die sich auf Warenhausmarken bezieht und eine Frage zur guten Erreichbarkeit eines Warenhauses stellt.[463]

Die Operationalisierung der Distributionspolitik ist ebenfalls formativer Art, da die Antworten auf die gestellten Fragen zur Erreichbarkeit von McCafé die Ausprägung der Distributionspolitik beeinflussen.

Einen signifikanten Einfluss übt der Indikator zur zeitlichen Erreichbarkeit im Sinne der Öffnungszeiten von McCafé aus. Der kritische t-Wert von 1,98 wird bei der örtlichen Erreichbar-

[461] Eigene Darstellung.
[462] Vgl. Metzler (2005), S. 118; Vermeir/Verbeke (2006), S. 177.
[463] Vgl. Arnold (2006), S. 99.

Indikatoren der Distributionspolitik (Markenattribute)		Gewichte	t-Werte
Örtliche/Zeitliche Erreichbarkeit	McCafé ist leicht erreichbar.	0,0230	0,0631
	Die Öffnungszeiten von McCafé entsprechen meinen Vorstellungen.	0,9855	3,6788

Tabelle 8: Indikatoren der Distributionspolitik[464]

keit McCafés nicht erzielt. Mulitkollinearität liegt auch bei den Indikatoren der Distributionspolitik nicht vor (VIF < 10).

Die bisher aufgezeigten Operationalisierungen bilden die „4 Ps" ab, die sowohl für das Marketing von Konsumgütern als auch von Dienstleistungen Relevanz besitzen. Die nun folgenden Operationalisierungen beziehen sich auf die drei „Ps", denen bei Dienstleistungen zusätzlich Beachtung geschenkt wird.

Ein zusätzliches „P" bei Dienstleistungen stellt die Ausstattungspolitik dar. Diese betrifft einerseits die Lage und den Ort der Dienstleistung, die sich durch die Zugänglichkeit und Parkmöglichkeiten sowie durch die Attraktivität von Gebäuden und Außenanlagen auszeichnen. Weiterhin ist die Inneneinrichtung von Bedeutung, die durch Farben, Beleuchtung und Möbel einen Einfluss auf das Ambiente ausübt. Raffiniert aufgestellte Raumteiler oder eine kluge Aufteilung der Einrichtung verleihen der Räumlichkeit einen gewissen Grad an Privatsphäre und Geräumigkeit.[465] Die vorliegende Studie beschränkt sich auf die Wahrnehmung der Inneneinrichtung von McCafé. Da dieses Coffee-Shop-Konzept von McDonald's als Kaffeelounge in die bisherigen Restaurants integriert wird, würde die Beachtung der örtlichen Gegebenheiten von McCafé gleichzeitig die der Muttermarke McDonald's beinhalten. Die Konzeption der Studie verlangt jedoch eine isolierte Betrachtung der Markenerweiterung McCafé möglichst unabhängig von der Muttermarke McDonald's. Aus diesem Grund wird ausschließlich das neue Design der Filialen, das aufgrund der Integration des Coffee-Shop-Konzeptes McCafé umgesetzt wird und sich in der Einrichtung und dem Ambiente wiederspiegelt, in die Untersuchung der Ausstattungspolitik einbezogen. Die Indikatoren wurden dem Fragenkatalog von *Brady und Cronin* entnommen[466] und sind in *Tabelle 9* aufgelistet.

---

464 Eigene Darstellung.
465 Vgl. Magrath (1986), S. 48.
466 Vgl. Brady/Cronin (2001), S. 46.

Indikatoren der Ausstattungspolitik (Markenattribute)		Gewichte	t-Werte
Ambiente	Bei McCafé kann man sich auf eine gute Atmosphäre verlassen.	0,6780	3,0997
	Das Ambiente von McCafé wünsche ich mir in einem Kaffeehaus.	0,2670	1,1756
	McCafé versteht, dass die Atmosphäre, die ich dort vorfinde, wichtig für mich ist.	0,0153	0,0573
Einrichtung	Die Ausstattung bei McCafé beeindruckt mich immer wieder.	0,2259	0,9015
	McCafé versteht, dass das Design der Einrichtungen wichtig für mich ist.	0,0725	0,2439

Tabelle 9: Indikatoren der Ausstattungspolitik[467]

Die Ausstattungspolitik wird wiederum anhand formativer Indikatorvariablen untersucht. Die Indikatoren zur Einrichtung zeigen hierbei keine signifikante Wirkung auf die Ausstattungspolitik (t-Wert < 1,98). Lediglich der Indikator zur guten Atmosphäre beeinflusst die Ausstattungspolitik signifikant. Ein VIF-Wert < 10 wurde für alle Indikatoren erreicht. Multikollinearität liegt folglich nicht vor.

Die Freundlichkeit und Fähigkeit der Mitarbeiter verkörpern Aspekte eines Dienstleistungsunternehmens, die direkt durch die Konsumenten wahrgenommen und dem Unternehmen bzw. der Dienstleistungsmarke zugeschrieben werden. Daher sollte ein Unternehmen besonderen Wert auf seine Personalpolitik, dem nächsten „P“, legen. Zur Operationalisierung der Personalpolitik in dieser Studie wurden erneut die Fragen von *Brady und Cronin* verwendet (vgl. *Tabelle 10*).[468] Sie sind ebenfalls formativer Art, da die Wahrnehmung und Beurteilung der Mitarbeiter durch die Kunden die Ausprägung der Dimension der Personalpolitik bestimmt.

Würden die t-Werte nach einem 5 %-igen Signifikanzniveau beurteilt werden, hätte keiner der Indikatoren einen signifikanten Einfluss auf die Personalpolitik. Da aber ein Signifikanzniveau von 10 % ebenfalls als aussagekräftig angesehen wird, ist bei der Operationalisierung der Personalpolitik ein t-Wert > 1,66 als signifikant zu betrachten. Einer der Indikatoren weist bei einem Signifikanzniveau von 10 % einen signifikanten Einfluss auf. Es handelt sich hier-

[467] Eigene Darstellung.
[468] Vgl. Brady/Cronin (2001), S. 46.

bei um den Indikator bezüglich der Fähigkeit der Mitarbeiter, die Bedürfnisse der Kunden zu erkennen. Für die Dimension der Personalpolitik liegt Multikollinearität nicht vor (VIF < 10).

Indikatoren der Personalpolitik (Markenattribute)		Gewichte	t-Werte
Personal	Auf die Freundlichkeit der Mitarbeiter bei McCafé kann man zählen.	0,5364	1,5126
	Die Mitarbeiter bei McCafé sind hilfsbereit.	0,1511	0,3011
	Die Mitarbeiter von McCafé erkennen meine Bedürfnisse.	0,6851	1,8546

Tabelle 10: Indikatoren der Personalpolitik[469]

Das siebte Instrument im Dienstleistungsmarketing ist die Prozesspolitik. Diese zielt auf eine optimale Gestaltung der Prozesse im Unternehmen ab. Hierin inbegriffen sind nicht nur die Abläufe, die für Kunden und Wettbewerber ersichtlich sind, sondern ebenfalls die unternehmensinternen Prozesse, die nach außen nicht offensichtlich werden.[470] Für die vorliegende Studie werden nur Fragen zu den, für die Kunden sichtbaren und relevanten, Abläufen im Dienstleistungsunternehmen gestellt. In Anbetracht der aktuellen Wichtigkeit des Faktors „Zeit“[471] wurde zur Untersuchung der Prozesspolitik die Wartezeit als relevantes Kriterium gewählt. Die Indikatoren sind wiederum formativer Art und dem Fragenkatalog von *Brady und Cronin* entnommen (vgl. *Tabelle 11*).[472]

Indikatoren der Prozesspolitik (Markenattribute)		Gewichte	t-Werte
Wartezeit	Die Wartezeit bei McCafé ist absehbar.	1,1434	3,2568
	McCafé versucht meine Wartezeit minimal zu halten.	0,2059	0,3877

Tabelle 11: Indikatoren der Prozesspolitik[473]

Wie *Tabelle 11* zeigt, ist der t-Wert des Indikators zur absehbaren Wartezeit bei einem kritischen t-Wert von 1,98 signifikant. Der zweite Indikator zur Prozesspolitik weist keine Signifikanz auf. Die VIF-Werte sind < 10, weshalb Multikollinearität nicht vorliegt.

[469] Eigene Darstellung.
[470] Vgl. Magrath (1986), S. 49; Wiesner/Sponholz (2007), S. 95.
[471] Vgl. Meffert/Giloth (2002), S. 114. Siehe auch Kapitel 2.1.4.
[472] Vgl. Brady/Cronin (2001), S. 46.
[473] Eigene Darstellung.

Um alle relevanten Gütekriterien im formativen Messmodell zu beachten, muss für die „7 Ps", die in dieser Arbeit für die Dimensionen der Markenattribute der Markenerweiterung McCafé stehen, abschließend die Diskriminanzvalidität untersucht werden. Die Korrelationen zwischen den einzelnen Konstrukten sollen dabei einen Wert < 0,9 annehmen.[474] Im vorliegenden Untersuchungsmodell werden für dieses Prüfkriterium folglich die Korrelationen der Dimensionen (Konstrukte erster Ordnung) der Markenattribute (Konstrukt zweiter Ordnung) überprüft. Es kann festgestellt werden, dass alle Konstruktkorrelationen < 0,9 sind, wodurch das Kriterium der Diskriminanzvalidität erfüllt ist und die einzelnen Dimensionen der Markenattribute diskriminant sind.

Operationalisierung der Markenpersönlichkeit

Nachdem die Operationalisierung der verschiedenen Dimensionen der Markenattribute samt der Güteprüfung abgeschlossen ist, folgt nun die Darstellung der Indikatoren zur Operationalisierung der Markenpersönlichkeit. Diese verkörpert eine weitere Determinante des Lifestyle-Markenimages in Bezug auf den Markentransfer McCafé.

Nach *Aaker* besteht die *Markenpersönlichkeit* aus fünf Dimensionen, die durch 42 Persönlichkeitsmerkmale gebildet werden. Diese lassen sich zu 15 Facetten zusammenfassen.[475] Die Markenpersönlichkeit stellt folglich, analog zu den Markenattributen, ein komplexes Konstrukt dar, dessen einzelne Dimensionen eine unterschiedliche Rolle für die Wahrnehmung des Images der Muttermarke McDonald's als Lifestyle-Marke spielen. Die fünf Persönlichkeitsdimensionen Kompetenz, Aufrichtigkeit, Erregung bzw. Spannung, Kultiviertheit und Robustheit werden daher in der Konzeption der vorliegenden Studie als Konstrukte erster Ordnung angesehen, die die Markenpersönlichkeit als Konstrukt zweiter Ordnung erklären. Auf eine detaillierte Beschreibung der einzelnen Persönlichkeitsdimensionen der Markenpersönlichkeit wird verzichtet, da ihr definitorischer Inhalt durch ihre jeweiligen Indikatoren zur Operationalisierung ersichtlich wird. Daher werden auch alle Indikatoren der einzelnen Dimensionen sowie die ermittelten Gewichte und t-Werte in einer einzigen Tabelle dargestellt.

Die in der Studie von *Aaker* erschlossenen 15 Facetten der Markenpersönlichkeit werden im vorliegenden Untersuchungsmodell als Indikatoren der unterschiedlichen Dimensionen ver-

---

[474] Vgl. Huber et al. (2005) S. 35.
[475] Vgl. Aaker (1997), S. 347 ff.

wendet.[476] Jede Dimension ist dabei formativ operationalisiert, da die Beurteilung der Indikatoren die Merkmalsausprägung der entsprechenden Dimension bestimmt. *Tabelle 12* zeigt eine Übersicht über alle Indikatoren zur Markenpersönlichkeit, die nach der Zugehörigkeit zur entsprechenden Persönlichkeitsdimension gegliedert sind.

Indikatoren der Kompetenz (Markenpersönlichkeit)		Gewichte	t-Werte
	McCafé ist zuverlässig.	0,5900	3,6305
	... intelligent.	0,7203	4,8572
	... erfolgreich.	0,1901	1,3821
Indikatoren der Aufrichtigkeit (Markenpersönlichkeit)		Gewichte	t-Werte
	... bodenständig.	0,1581	0,7013
	... ehrlich.	0,4746	1,8454
	... gesund.	0,4030	1,8403
	... heiter.	0,2215	1,2524
Indikatoren der Erregung/Spannung (Markenpersönlichkeit)		Gewichte	t-Werte
	... gewagt.	0,3070	1,9751
	... temperamentvoll.	0,4568	2,3400
	... fantasievoll.	0,6869	4,8013
	... modern.	0,1866	1,3375
Indikatoren der Kultiviertheit (Markenpersönlichkeit)		Gewichte	t-Werte
	... vornehm.	0,3708	1,3147
	... charmant.	0,7215	3,0212
Indikatoren der Robustheit (Markenpersönlichkeit)		Gewichte	t-Werte
	... naturverbunden.	0,9729	15,0912
	... zäh.	0,1406	0,7219

Tabelle 12: Indikatoren der Dimensionen der Markenpersönlichkeit[477]

Wird ein Signifikanzniveau von 10 % betrachtet, liegt der kritische t-Wert bei 1,66. Die ermittelten t-Werte zeigen, dass mindestens ein Indikator jeder Persönlichkeitsdimension einen signifikanten Einfluss auf diese ausübt. Bei der Persönlichkeitsdimension Kompetenz sind dies die Merkmale „zuverlässig" und „intelligent", bei der Dimension Aufrichtigkeit üben die Merkmale „ehrlich" und „gesund" einen signifikanten Einfluss aus. Des Weiteren sind die Persönlichkeitsmerkmale „gewagt", „temperamentvoll" und „fantasievoll" für die Dimension Erregung bzw. Spannung signifikant. Für die Dimension Kultiviertheit ist das Merkmal „char-

476 Vgl. Aaker (1997), S. 352.
477 Eigene Darstellung.

mant“ signifikant wichtig und für die Persönlichkeitsdimension Robustheit das Merkmal „naturverbunden“. Das Kriterium des formativen Messmodells, das keine Multikollinearität vorliegen soll, kann bestätigt werden (VIF < 10). Ebenso sind die Konstruktkorrelationen < 0,9, was bedeutet, dass die Forderung nach diskriminanten Dimensionen der Markenpersönlichkeit erfüllt ist.

Operationalisierung des Markennutzens

Die dritte Determinante des Lifestyle-Markenimages seitens des Markentransfers stellt der *Markennutzen* dar. Zur Konzeptionalisierung dieses Konstruktes wird, wie in Kapitel 3.2.3 erläutert, der Auffassung von *Sweeney und Soutar* gefolgt.[478] Die Autoren gliedern den Markennutzen in vier Nutzenkategorien. Diese betreffen den funktionalen Nutzen sowie den Nutzen der Preis-Wert-Komponente, d. h. aus dem Preis-Leistungs-Verhältnis eines Produktes, den emotionalen und den sozialen Nutzen.[479] Die Komplexität des Konstruktes Markennutzen wird aufgrund der unterschiedlichen Dimensionen ersichtlich. Somit wird ebenfalls der Markennutzen, wie zuvor schon die Markenattribute und die Markenpersönlichkeit, als Konstrukt zweiter Ordnung eingestuft. Die genannten Nutzenkategorien bilden die unterschiedlichen Dimensionen des Markennutzens und damit die Konstrukte erster Ordnung.

Zur Operationalisierung der einzelnen Dimensionen wurde auf zwei Studien zurückgegriffen. Sowohl die Indikatoren zum funktionalen Nutzen, zur Preis-Wert-Komponente als auch zum emotionalen Nutzen sind einer Studie von *Orth et al.* entnommen.[480] Diese untersucht den Nutzen eines konkreten Produkts und nicht, wie die vorliegende Arbeit, einer Dienstleistungsmarke. Somit werden ausschließlich die Indikatoren in den Fragebogen aufgenommen, die zum vorliegenden Untersuchungsgegenstand passen. Die Indikatorvariablen zum sozialen Nutzen stammen aus einer Studie von *Anisimova.*[481] Hierbei wurden drei von sieben Indikatoren ausgewählt, die sich zur Untersuchung der vorliegenden Thematik eignen. Da die einzelnen Nutzendimensionen durch ihre Indikatoren gebildet werden, sind diese formativ zu operationalisieren. Die verwendeten Indikatoren jeder Nutzendimension, ihre ermittelten Gewichte und die t-Werte sind gemeinsam in *Tabelle 13* dargestellt.

[478] Vgl. Sweeney/Soutar (2001), S. 211.
[479] Zur Erläuterung der einzelnen Nutzenkategorien siehe Kapitel 3.2.3.
[480] Vgl. Orth et al. (2004), S. 101.
[481] Vgl. Anisimova (2007), S. 400.

Da für die beiden Dimensionen funktionaler Nutzen und Preis-Wert-Komponente jeweils nur ein Indikator verwendet wurde, beträgt das Gewicht jeweils 1 und der t-Wert 0. Die Indikatoren dieser beiden Dimensionen werden daher nicht auf Multikollinearität untersucht. Bei ei-

Indikator des funktionalen Nutzens (Markennutzen)		Gewichte	t-Werte
	Die Produkte von McCafé weisen einen akzeptablen Qualitätsstandard auf.	1,0000	0,0000
Indikator der Preis-Wert-Komponente (Markennutzen)		Gewichte	t-Werte
	Die Produkte von McCafé haben ein gutes Preis-Leistungs-Verhältnis.	1,0000	0,0000
Indikatoren des emotionalen Nutzens (Markennutzen)		Gewichte	t-Werte
	Durch einen Besuch bei McCafé fühle ich mich entspannt.	0,0489	0,1653
	Durch einen Besuch bei McCafé fühle ich mich gut.	0,0790	0,0226
	Ein Besuch bei McCafé macht mir Freude.	0,7297	2,4093
	Ein Besuch bei McCafé beruhigt mich.	0,3194	1,6052
Indikatoren des sozialen Nutzens (Markennutzen)		Gewichte	t-Werte
	Ein Besuch bei McCafé wertet mein persönliches Image auf.	0,7056	2,9774
	Durch einen Besuch bei McCafé bekomme ich soziale Anerkennung.	0,1981	0,6906
	McCafé bringt meine Persönlichkeit zum Ausdruck.	0,5310	2,5532

Tabelle 13: Indikatoren der Dimensionen des Markennutzens[482]

nem Signifikanzniveau von 5 % haben drei Indikatoren der beiden anderen Nutzendimensionen den kritischen t-Wert von 1,98 überschritten. Beim emotionalen Nutzen ist dies der Indikator zur Freude durch einen Besuch bei McCafé. Sowohl die Indikatorvariable hinsichtlich der Aufwertung des persönlichen Images durch einen Besuch bei McCafé, als auch der Indikator zum Ausdruck der eigenen Persönlichkeit durch die Markenerweiterung ist für die soziale Markennutzendimension signifikant. Der Test auf Multikollinearität bestätigt, dass die VIF Werte < 10 sind und Multikollinearität damit nicht vorliegt. Die Diskriminanzvalidität ist erfüllt, da die Korrelationen zwischen den Dimensionen Werte < 0,9 annehmen.

[482] Eigene Darstellung.

Konstrukte zweiter Ordnung

Die vorherigen Ausführungen zeigen, dass die Determinanten des Lifestyle-Markenimages von Seiten des Markentransfers Konstrukte zweiter Ordnung darstellen. Diese Konzeptionalisierung der Markenattribute, der Markenpersönlichkeit und des Markennutzens wurde damit begründet, dass sie alle aus mehreren Dimensionen bestehen. Die bisher dargestellten Indikatoren gelten daher der direkten Messung der Dimensionen, d. h. der Konstrukte erster Ordnung. Im nächsten Schritt wird nun die Vorgehensweise zur Schätzung der Konstrukte zweiter Ordnung erläutert. Dabei ist es von Bedeutung, ob die Ebenen eines Konstruktes hinsichtlich einer formativen oder reflektiven Operationalisierung spezifiziert sind. Die dargestellten Indikatoren der Konstrukte erster Ordnung sind in der vorliegenden Studie alle formativer Art. Nach den von *Jarvis, MacKenzie und Podsakoff* analysierten vier Möglichkeiten mehrdimensionaler Messmodelle zweiter Ordnung,[483] die in dieser Arbeit in Kapitel 4.1.4 aufgezeigt wurden, kommen daher für die in dieser Arbeit vorzufindenden Konstrukte zweiter Ordnung lediglich der Typ III und IV in Frage. Diese beiden Typen unterscheiden sich danach, ob die Konstrukte zweiter Ordnung reflektiver oder formativer Art sind. Im Folgenden wird zunächst das Konstrukt Markenattribute auf diese Spezifikation untersucht, bevor auf die Konstrukte Markenpersönlichkeit und Markennutzen eingegangen wird.

Hahn weist in seiner Veröffentlichung darauf hin, dass die einzelnen Dimensionen des Marketing-Mix, die in dieser Arbeit den *Markenattributen* zugrunde liegen, formativer Art sind.[484] Diese Operationalisierung ist nachvollziehbar, denn die Beurteilung der „7 Ps“ macht in ihrer Gesamtheit die Ausprägung der Markenattribute als Konstrukt zweiter Ordnung aus. Zwischen den Markenattributen und den „7 Ps“, als zugehörige Konstrukte erster Ordnung, besteht folglich eine formative Spezifikation. Die Markenattribute sind dementsprechend dem Typ IV der Einteilung von *Jarvis, MacKenzie und Podsakoff* zuzurechnen. Grafisch lässt sich diese Konzeption eines Konstruktes zweiter Ordnung wie folgt abbilden:

Das Konstrukt vom Typ IV fand in der bisherigen Literatur nur selten Anwendung. Daher liegt Unklarheit darüber vor, wie mit diesem die Schätzung der Konstrukte zweiter Ordnung vollzogen werden kann.[485] *Albers und Götz* schlagen eine Vorgehensweise in PLS vor, der in der vorliegenden Arbeit gefolgt werden soll. Demnach werden zunächst die Gewichte der

[483] Vgl. Jarvis/MacKenzie/Podsakoff (2003), S. 204.
[484] Vgl. Hahn (2002), S. 94.
[485] Vgl. Albers/Götz (2006), S. 673.

Indikatoren ermittelt, indem das Konstrukt zweiter Ordnung kurzzeitig eliminiert wird und an dessen Stelle die Konstrukte erster Ordnung treten. Dann werden die gewichteten Mittelwerte über die Indikatoren der betreffenden Konstrukte erster Ordnung berechnet. Diese ersetzen abschließend die Konstrukte erster Ordnung, um so das Konstrukt zweiter Ordnung zu bilden. Die Gewichtung der Indikatoren ist dabei relevant, da der differentielle Einfluss der einzelnen Indikatoren bei einer formativen Operationalisierung interessiert und ohne diese Vorgehensweise eine Gleichgewichtung der Indikatoren gegeben wäre.[486] Für das Konstrukt Markenattribute wurden demzufolge sieben gewichtete Mittelwerte berechnet, d.h. für jede der sieben Dimensionen einer. Diese werden nun wie Indikatoren des Konstruktes zweiter Ordnung behandelt, wodurch die Schätzung der Konstrukte zweiter Ordnung möglich ist. Die gewichteten Mittelwerte, die künftig weiterhin als Dimensionen des entsprechenden Konstruktes bezeichnet werden, sind für das Konstrukt der Markenattribute in *Tabelle 14* aufgeführt.

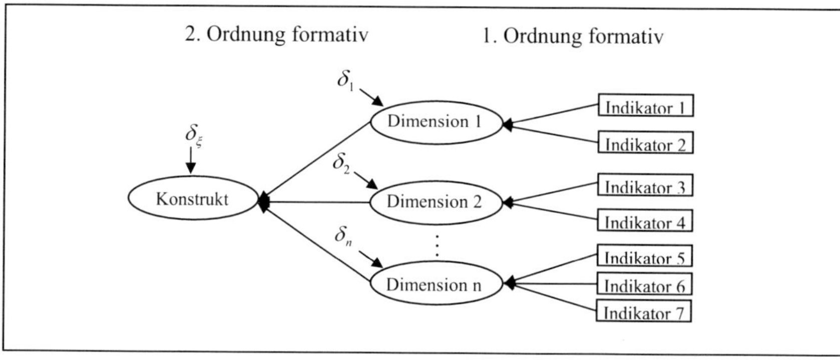

Abbildung 18: Mehrdimensionales Messmodell vom Typ IV[487]

Für die Gewichte im formativen Messmodell gibt es keine Vorgaben. Daher sind die t-Werte von Bedeutung, um den signifikanten Einfluss einer Dimension auf das Konstrukt belegen zu können. Bei einem Signifikanzniveau von 5 % und einem kritischen t-Wert von 1,98 liegen signifikante t-Werte beim Konstrukt der Markenattribute für die Dimensionen Produkt-, Preis-, Kommunikations-, Ausstattungs- und Personalpolitik vor. Die Produktpolitik ist dabei am stärksten signifikant, danach folgt die Ausstattungspolitik. Keinen signifikanten Einfluss auf die Wahrnehmung und Beurteilung der Markenattribute haben sowohl die Distributions-

[486] Vgl. Albers/Götz (2006), S. 674.

[487] Eigene Abbildung in Anlehnung an Jarvis, MacKenzie und Podsakoff (2003), S. 205; Albers/Götz (2006), S. 671.

politik als auch die Prozesspolitik. Die Berechnung des Variance Inflation Factors zeigt, dass die einzelnen Dimensionen der Markenattribute voneinander unabhängig sind und demnach Multikollinearität nicht vorliegt (VIF < 10).

Dimensionen der Markenattribute	Gewichte	t-Werte
Produktpolitik	0,3771	7,1436
Preispolitik	0,2169	3,5156
Kommunikationspolitik	0,2051	3,4371
Distributionspolitik	0,0347	0,6846
Ausstattungspolitik	0,4083	6,2001
Personalpolitik	0,1375	2,4097
Prozesspolitik	0,0673	1,0958

Tabelle 14: Dimensionen der Markenattribute[488]

Nachfolgend wird die Einteilung der *Markenpersönlichkeit* zum Typ III oder IV der Spezifikationen der Konstrukte zweiter Ordnung beschrieben. Dazu muss analog zu den Überlegungen hinsichtlich der Markenattribute vorgegangen werden und die Konzeption der Markenpersönlichkeit hinsichtlich einer formativen oder reflektiven Spezifikation bestimmt werden. Da die einzelnen von den Kunden wahrgenommenen Persönlichkeitsdimensionen Kompetenz, Aufrichtigkeit, Erregung bzw. Spannung, Kultiviertheit und Robustheit die Beurteilung der Markenpersönlichkeit beeinflussen, ist die Markenpersönlichkeit als Konstrukt zweiter Ordnung einer formativen Spezifikation zu unterziehen. Beim Konstrukt der Markenpersönlichkeit liegt somit ebenfalls der Typ IV der Kombinationsmöglichkeiten mehrdimensionaler Messmodelle vor. Daher ist zur weiteren Schätzung der Markenpersönlichkeit die Vorgehensweise anzuwenden, die bereits für die Markenattribute gewählt und erläutert wurde. Die ermittelten Gewichte und die t-Werte der Dimensionen der Markenpersönlichkeit sind in *Tabelle 15* zusammengefasst.

Die Betrachtung der t-Werte bei einem 5 %-igen Signifikanzniveau zeigt, dass jede Persönlichkeitsdimension das Konstrukt der Markenpersönlichkeit signifikant beeinflusst. Die Dimension Kompetenz übt mit einem t-Wert von 6,3004 den signifikantesten Einfluss aus. Der

[488] Eigene Darstellung.

Test auf Multikollinearität zeigt, dass diese für die Dimensionen der Markenpersönlichkeit nicht vorliegt (VIF < 10).

Dimensionen der Markenpersönlichkeit	Gewichte	t-Werte
Kompetenz	0,4158	6,3004
Aufrichtigkeit	0,3289	4,4097
Erregung/Spannung	0,1690	2,4002
Kultiviertheit	0,1954	2,4547
Robustheit	0,1548	2,1481

Tabelle 15: Dimensionen der Markenpersönlichkeit[489]

Zuletzt ist der *Markennutzen* als Konstrukt zweiter Ordnung zu betrachten. Die Dimensionen des Markennutzens, die sich nach dem funktionalen Nutzen, der Preis-Wert-Komponente, dem emotionalen und dem sozialen Nutzen unterscheiden lassen, bilden die Konstrukte erster Ordnung des Markennutzens. Auch wenn die Dimensionen getrennt voneinander analysiert werden können, müssen sie doch für die Ausprägung des wahrgenommenen Markennutzens gemeinsam betrachtet werden. Daher ist der Markennutzen ebenfalls formativer Art und nach Typ IV der möglichen Konzeptionen des Messmodells eines Konstruktes zweiter Ordnung zu spezifizieren. Die Vorgehensweise zur Analyse des Strukturgleichungsmodells ist daher die gleiche wie für die Konstrukte Markenattribute und Markenpersönlichkeit. Die gewichteten Mittelwerte der Dimensionen werden demnach wiederum zur Schätzung der Markenpersönlichkeit verwendet. *Tabelle 16* zeigt die Dimensionen, die Gewichte und die t-Werte im Überblick.

Bei einem Signifikanzniveau von 5 % zeigen die t-Werte jeder Dimension des Markennutzens einen signifikanten Einfluss. Die emotionale Nutzendimension lädt dabei am stärksten auf den Markennutzen. Das Kriterium der VIF Werte < 10 ist erfüllt. Somit liegt Multikollinearität für die Dimensionen des Markennutzens nicht vor.

Abschließend sind die Markenattribute, die Markenpersönlichkeit und der Markennutzen als Konstrukte zweiter Ordnung noch auf ihre Diskriminanz zu untersuchen. Dieses Kriterium

[489] Eigene Darstellung.

der Diskriminanzvalidität ist für die Determinanten des Lifestyle-Markenimages seitens des Markentransfers erfüllt, da ihre Konstruktkorrelationen Werte < 0,9 annehmen.

Dimensionen des Markennutzens	Gewichte	t-Werte
Funktionaler Nutzen	0,2656	3,2344
Preis-Wert-Komponente	0,3033	3,1152
Emotionaler Nutzen	0,4199	4,4272
Sozialer Nutzen	0,3363	3,5465

Tabelle 16: Dimensionen des Markennutzens[490]

Die Determinanten des Lifestyle-Markenimages der Muttermarke McDonald's, die durch den Markentransfer McCafé gegeben sind, sind in der vorliegenden Arbeit als Konstrukte zweiter Ordnung spezifiziert. Die Überlegungen zu den einzelnen Konstrukten haben gezeigt, dass bei allen drei Konstrukten eine rein formative Konzeptualisierung über beide Ebenen hinweg unterstellt wird, weshalb sie nach der Einteilung von *Jarvis, MacKenzie und Podsakoff* als Typ IV der möglichen Konzeptionalisierungsformen eingestuft werden. Die formative Operationalisierung der latenten Variablen auf erster und auf zweiter Ebene ist in betriebswirtschaftlichen Studien erst seit kurzem aufgekommen. Dabei weist dieser Typ, neben dem Nachteil eines geringen Informationsverlustes, eine Reihe von Vorteilen auf. Neben der Reduktion der Modellkomplexität kann ebenfalls die Wahrscheinlichkeit der Multikollinearität verringert werden, wenn aufgrund inhaltlicher Überlegungen die Zuordnung einer Indikatorvariablen auch auf andere Konstrukte erster Ordnung geschieht. Grundsätzlich kann festgehalten werden, dass durch formative Indikatoren, als Ausprägung einzelner Treiber, eine Analyse der unterschiedlichen Facetten einer latenten Variablen möglich ist. So kann auf beiden Spezifikationsebenen der Einfluss möglicher Determinanten untersucht und konkrete Maßnahmen abgeleitet werden.[491]

4.3.2 Lifestyle-Markenimage

Der Thematik des Images einer Marke als Lifestyle-Marke wird in der Literatur bisher nur geringe Aufmerksamkeit geschenkt. Dies könnte auf die Abstraktheit des Begriffes Lifestyle zurückzuführen sein. Auch wenn die Übersetzung in die deutsche Sprache recht einfach erscheint, beinhaltet ein Lifestyle-Image doch viel mehr als nur die Merkmale des Lebensstils

[490] Eigene Darstellung.
[491] Vgl. Albers/Götz (2006), S. 673 ff.

bzw. der Lebensführung eines Individuums.[492] Die Suche nach passenden Indikatoren zur Operationalisierung des Lifestyle-Markenimages gestaltet sich aufgrund der fehlenden Literatur schwierig. So wurden drei Indikatoren aus einer Studie von *Martin und Stewart* leicht modifiziert und in den Fragebogen aufgenommen, die sich im eigentlichen Sinne auf Zielähnlichkeit bzw. Zielkongruenz beziehen.[493] Da es in der vorliegenden Studie darum geht, herauszufinden, ob das Image von McDonald's aus Konsumentensicht einem Lifestyle-Image gleichkommt bzw. mit diesem übereinstimmt, wurden diese Indikatoren als zweckmäßig für den Untersuchungsgegenstand eingestuft. Die Indikatoren des Lifestyle-Markenimages stellen reflektive Indikatoren dar, da sie die wahrgenommene Kongruenz zwischen McDonald's und dem Begriff des Lifestyles wiederspiegeln. Der kausale Zusammenhang verläuft dementsprechend vom Konstrukt zu den Indikatorvariablen. Sowohl die Indikatoren als auch die Faktorladungen und t-Werte sind *Tabelle 17* zu entnehmen.

Indikatoren des Lifestyle-Markenimages		Ladungen	t-Werte
	McDonald's und Lifestyle passen gut zusammen.	0,9693	173,9907
	McDonald's und Lifestyle sind gut vereinbar.	0,9695	166,8102
	McDonald's dient als ein gutes Beispiel für Lifestyle.	0,9345	61,9356

Tabelle 17: Indikatoren des Lifestyle-Markenimages[494]

Gütekriterien	
Konvergenzkriterien	
• DEV > 0,6	0,918
• Konstruktreliabilität > 0,7	0,971
Vorhersagevalidität	
• Stone-Geissers $Q^2 > 0$	0,7586
Unidimensionalität	erfüllt

Tabelle 18: Gütekriterien des Lifestyle-Markenimages[495]

Die Ergebnisse zeigen hohe Faktorladungen sowie hoch signifikante t-Werte für alle drei Indikatoren des Lifestyle-Markenimages. Während alle Ladungen in etwa gleich hoch sind, fallen besonders die hohen t-Werte der ersten beiden Indikatoren auf. Die Konvergenzkriterien

[492] Zur Erläuterung der dieser Arbeit zugrunde liegenden Auffassung über das Lifestyle-Image siehe Kapitel 2.1.5.
[493] Vgl. Martin/Stewart (2001), S. 476.
[494] Eigene Darstellung.
[495] Eigene Darstellung.

der DEV > 0,6 und der Konstruktreliabilität > 0,7 sind erfüllt. Ebenso liegt der Wert von *Stone-Geissers* Q^2 über 0, weshalb die Vorhersagevalidität des Konstruktes als sehr gut angesehen werden kann (vgl. *Tabelle 18*).

4.3.3 Mundpropaganda als resultierende Größe

Das Untersuchungsmodell postuliert einen kausalen Zusammenhang zwischen der Wahrnehmung einer Marke als Lifestyle-Marke und der daraus resultierenden Mundpropaganda.[496] Nach *Swan und Oliver* besitzt die Mundpropaganda zwei Komponenten. Die bewertende Komponente setzt sich aus der positiven oder negativen Weitergabe von Informationen zusammen. Die konative Komponente beinhaltet die Empfehlung oder die Warnung anderer Konsumenten.[497] Die in dieser Arbeit zugrundegelegten Indikatoren zur positiven Mundpropaganda greifen diese beiden Facetten auf. Sie stammen aus einer Studie von *Price and Arnould* zum Dienstleistungsanbieter Friseur.[498] Die Einstellung eines Konsumenten, positive Mundpropaganda zu betreiben, ist dabei ausschlaggebend für die Ausprägungen der einzelnen Indikatoren. Weiterhin ist von einer Korrelation der Indikatoren auszugehen. Diese sind daher reflektiv und in *Tabelle 19* aufgezeigt.

Indikatoren der Mundpropaganda		Ladungen	t-Werte
	Wenn jemand meinen Rat sucht, würde ich McDonald's weiterempfehlen.	0,9523	129,5657
	Ich sage positive Dinge über McDonald's zu anderen Menschen.	0,9575	167,4142
	Ich würde McDonald's anderen weiterempfehlen.	0,9700	154,6046

Tabelle 19: Indikatoren der Mundpropaganda[499]

Die Faktorladungen aller Indikatoren weisen hohe Werte auf. Ebenso zeigen die t-Werte einen hoch signifikanten Einfluss. Die kritischen Werte der DEV und der Konstruktreliabilität sind überschritten. Außerdem zeigt ein Q^2 von 0,7662, dass das Konstrukt Mundpropaganda sehr gut durch seine Indikatorvariablen dargestellt wird (vgl. *Tabelle 20*).

---

[496] Zur Herleitung dieses Kausalzusammenhanges siehe Kapitel 3.4.
[497] Vgl. Swan/Oliver (1989), S. 517.
[498] Vgl. Price/Arnould (1999), S. 54.
[499] Eigene Darstellung.

Gütekriterien	
Konvergenzkriterien	
• DEV > 0,6	0,922
• Konstruktreliabilität > 0,7	0,972
Vorhersagevalidität	
• Stone-Geissers $Q^2 > 0$	0,7662
Unidimensionalität	erfüllt

Tabelle 20: Gütekriterien der Mundpropaganda[500]

Zur Beurteilung der Diskriminanzvalidität und der Unidimensionalität sind alle reflektiv operationalisierten Konstrukte einzubeziehen. Zur Prüfung der Diskriminanzvalidität wird das *Fornell-Larcker-Kriterium* verwendet, nach dem die quadrierten Korrelationen der einzelnen Konstrukte geringere Werte als die DEV annehmen müssen. Dieses Kriterium ist für die zwei reflektiven Konstrukte Lifestyle-Markenimage und Mundpropaganda erfüllt. Außerdem ist das reflektive Messmodell noch mittels einer konfirmatorischen Faktorenanalyse auf Unidimensionalität zu prüfen. Laden die Indikatoren eines Konstruktes lediglich auf diesen Faktor, ist das Kriterium erfüllt.[501] Unidimensionalität kann für beide Konstrukte Lifestyle-Markenimage und Mundpropaganda bestätigt werden.

Die bisherigen Ausführungen widmeten sich der Operationalisierung der latenten Variablen sowie der Darstellung der Schätzergebnisse auf Messmodellebene. Im nächsten Kapitel wird auf die postulierten Zusammenhänge zwischen den Konstrukten eingegangen und die Schätzergebnisse auf Strukturmodellebene aufgezeigt.

4.4 Darstellung der Schätzergebnisse auf Strukturmodellebene

4.4.1 Schätzergebnisse der Gesamtstichprobe

Im Folgenden findet die Betrachtung der Schätzergebnisse auf Ebene des Strukturmodells statt. Zunächst werden die Schätzergebnisse der gesamten Stichprobe ausgewertet, anschließend wird eine Unterteilung nach den angenommenen moderierenden Effekten vorgenommen.

Auf Strukturmodellebene ist der Einfluss einer latenten Variable auf eine kausal nachgelagerte von Interesse. Die damit einhergehenden hypothetischen Zusammenhänge des vorliegenden

[500] Eigene Darstellung.
[501] Vgl. Gefen/Straub/Boudreau (2000), S. 25.

Untersuchungsmodells wurden in Kapitel 3 hergeleitet. Die Inhalte des Untersuchungsgegenstandes sollen anhand einer Übersicht über die postulierten Zusammenhänge nochmals verdeutlicht werden, bevor auf die Schätzergebnisse eingegangen wird. *Tabelle 21* zeigt die aufgestellten hypothetischen Beziehungen.

Der kausale Zusammenhang zweier Konstrukte kann mittels der Höhe der Strukturparameter (Pfadkoeffizienten) beurteilt werden. Diese sollten einen Wert > 0,1 annehmen. Ob der Einfluss eines Konstruktes auf ein kausal nachgelagertes dabei signifikant ist, wird über die t-Werte ermittelt. Bei einem Signifikanzniveau von 5 %, gilt ein t-Wert von 1,98 als kritische Grenze zum Bestätigen der jeweiligen Hypothese. Die folgende *Abbildung 19* stellt die ermittelten Werte der Strukturparameter dar und gibt die zugehörigen t-Werte in Klammern an.

Zur Verdeutlichung des Inhaltes der oben aufgeführten Werte, ist in *Tabelle 22* nochmals festgehalten, ob die aufgestellten Hypothesen bestätigt werden können oder verworfen werden müssen.

Hypothesen	Kausale Zusammenhänge
H_1 (MA→LMI)	Eine positive Wahrnehmung und Beurteilung der **Markenattribute des Markentransfers** wirkt positiv auf das **Image der Muttermarke als Lifestyle-Marke**.
H_2 (MP→LMI)	Eine positive Wahrnehmung und Beurteilung der **Markenpersönlichkeit des Markentransfers** wirkt positiv auf das **Image der Muttermarke als Lifestyle-Marke**.
H_3 (MN→LMI)	Die Wahrnehmung und Beurteilung eines hohen **Markennutzens durch den Markentransfer** wirkt positiv auf das **Image der Muttermarke als Lifestyle-Marke**.
H_{4a} (MA→MP)	Eine positive Wahrnehmung und Beurteilung der **Markenattribute des Markentransfers** wirkt positiv auf die Wahrnehmung und Beurteilung der **Markenpersönlichkeit des Markentransfers**.
H_{4b} (MA→MN)	Eine positive Wahrnehmung und Beurteilung der **Markenattribute des Markentransfers** wirkt positiv auf die Wahrnehmung und Beurteilung des **Markennutzens des Markentransfers**.
H_5 (MP→MN)	Eine positive Wahrnehmung und Beurteilung der **Markenpersönlichkeit des Markentransfers** wirkt positiv auf die Wahrnehmung und Beurteilung des **Markennutzens des Markentransfers**.

Hypothesen	Kausale Zusammenhänge
H₆ (LMI→MU)	Je stärker das **Image der Muttermarke als Lifestyle-Marke** ist, desto positiver ist der Inhalt der **Mundpropaganda**.
Abkürzungen: MS: Markenstärke; LMI: Lifestyle-Markenimage; MA: Markenattribute; MP: Markenpersönlichkeit; MN: Markennutzen; MU: Mundpropaganda	

Tabelle 21: Hypothesen des Untersuchungsmodells[502]

Wie die Werte zeigen, muss lediglich eine der sieben Hypothesen verworfen werden. Hierbei handelt es sich um den postulierten Einfluss der wahrgenommenen Markenpersönlichkeit des Markentransfers McCafé auf das Lifestyle-Markenimage der Muttermarke McDonald's (H_2). Sowohl die positive Wahrnehmung und Beurteilung der Markenattribute des Markentransfers (H1), als auch die Wahrnehmung und Beurteilung eines hohen Markennutzens durch den Markentransfer (H_3) wirkt positiv auf das Lifestyle-Markenimage der Muttermarke. Die pos-

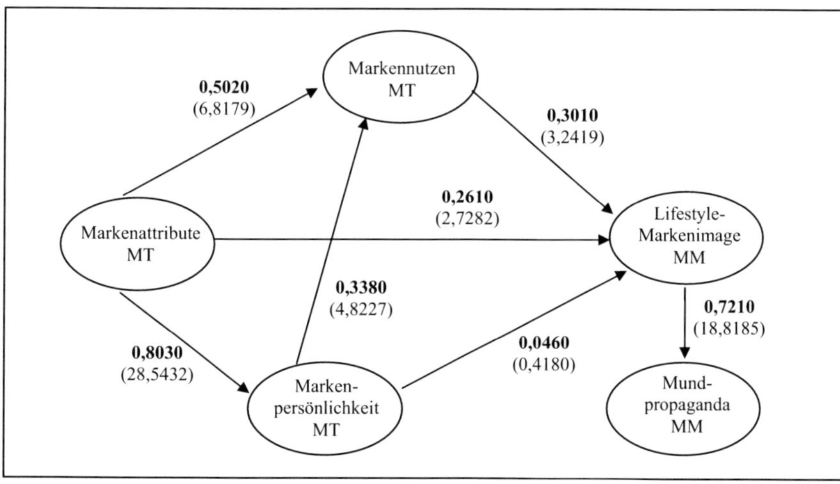

Abbildung 19: Grafische Darstellung der Ergebnisse der Hypothesenprüfung der Gesamtstichprobe[503]

Hypothesen	Ergebnis
H_1 (MA→LMI)	bestätigt
H_2 (MP→LMI)	nicht bestätigt

[502] Eigene Darstellung.
[503] Eigene Darstellung.

Hypothesen	Ergebnis
H_3 (MN→LMI)	bestätigt
H_{4a} (MA→MP)	bestätigt
H_{4b} (MA→MN)	bestätigt
H_5 (MP→MN)	bestätigt
H_6 (LMI→MU)	bestätigt

Tabelle 22: Ergebnisse der Hypothesenprüfung der Gesamtstichprobe[504]

tulierten Beziehungen zwischen den drei Konstrukten Markenattribute, Markenpersönlichkeit und Markennutzen konnten ebenso bestätigt werden (H_{4a}, H_{4b}, H_5). Insbesondere die positive Wahrnehmung der Markenattribute übt hierbei einen hoch signifikanten Einfluss auf die Wahrnehmung und Beurteilung der Markenpersönlichkeit (H_{4a}) aus, was durch den höchsten t-Wert von 28,5432 ersichtlich wird. Ferner konnte belegt werden, dass der Grad der positiven Mundpropaganda von der Imagestärke der Muttermarke als Lifestyle-Marke abhängt (H_6). Zusammenfassend kann festgehalten werden, dass die hohe Anzahl bestätigter Hypothesen die nomologische Validität des aufgestellten Untersuchungsmodells unterstreicht. Eine Interpretation der Ergebnisse erfolgt in Kapitel 4.5.

Zur Beurteilung der Güte des Strukturmodells sind weitere Kriterien heranzuziehen. Das Bestimmtheitsmaß R^2 wird zur Bewertung der erklärten Varianz einer jeden Zielvariablen im Untersuchungsmodell verwendet. R^2 sollte dabei einen Wert $> 0,3$ annehmen. Dies bedeutet, dass 30 % der Varianz einer endogenen Variablen durch vorgelagerte Konstrukte des Untersuchungsmodells erklärt wird. Für die vier endogenen Konstrukte Markenpersönlichkeit, Markennutzen, Lifestyle-Markenimage und Mundpropaganda kann jeweils ein $R^2 > 0,3$ identifiziert werden. Das Kriterium der Multikollinearität im Strukturmodell wird, analog zum Messmodell, mittels des Variance Inflation Factors überprüft. Liegt der VIF-Wert unter 10, können die Werte eines Konstruktes nicht durch die anderen Konstrukte vorhergesagt werden. Dieses Kriterium ist im vorliegenden Untersuchungsmodell erfüllt, womit keine Multikollinearität auf Strukturmodellebene vorliegt. Die Vorhersagevalidität ist auf Strukturmodellebene für die endogenen reflektiven Konstrukte zu prüfen. Hierzu wird erneut *Stone-Geissers* Q^2 verwendet. Liegt Q^2 über 0, werden die Konstrukte durch ihre vorgelagerten latenten Variablen rekonstruiert.[505] Da sowohl die Werte für das Lifestyle-Markenimage als auch für

[504] Eigene Darstellung.
[505] Vgl. Fornell/Bookstein (1982), S. 450; Huber et al. (2005), S. 36.

die Mundpropaganda über dem Wert 0 liegen, ist die Vorhersagevalidität der beiden Konstrukte gegeben. Die kritischen Werte der Prüfkriterien im Strukturmodell sind eindeutig überschritten. Zusammenfassend ist dies in *Tabelle 23* dargestellt.

4.4.2 Schätzergebnisse der moderierenden Variablen

4.4.2.1 Markenvertrautheit zum Markentransfer

Im Folgenden wird die Stichprobe nach den angenommenen Moderatorvariablen unterteilt, und ihr Einfluss auf die Bedeutung des Markentransfers McCafé für das Lifestyle-Markenimage der Muttermarke McDonald's untersucht. In Kapitel 3.5.1 wurde der hypothetische Zusammenhang zwischen der Stärke der Rückwirkungen des Markentransfers auf das Muttermarkenimage in Abhängigkeit der Markenvertrautheit der Konsumenten zum Markentransfer konstatiert. Um diesen Zusammenhang in vorliegendem Buch zu untersuchen, wurde eine Itembatterie zur Markenvertrautheit aus der Studie von *Simonin und Ruth* in den Fragebogen aufgenommen (vgl. *Tabelle 24*).[506]

Gütekriterien	Konstrukte	Werte
Erklärte Varianz ($R^2 > 0{,}3$)	• Markenpersönlichkeit	0,644
	• Markennutzen	0,639
	• Lifestyle-Markenimage	0,322
	• Mundpropaganda	0,520
Multikollinearität (VIF < 10)	• Markenpersönlichkeit	liegt nicht vor
	• Markennutzen	liegt nicht vor
	• Lifestyle-Markenimage	liegt nicht vor
	• Mundpropaganda	liegt nicht vor
Vorhersagevalidität ($Q^2 > 0$)	• Lifestyle-Markenimage	0,0905
	• Mundpropaganda	0,4125

Tabelle 23: Gütekriterien auf Strukturmodellebene der Gesamtstichprobe[507]

Indikatoren der Markenvertrautheit
Mit dem Markennamen McCafé bin ich sehr vertraut.
Den Markennamen McCafé erkenne ich eindeutig wieder.
Den Markennamen McCafé habe ich mit Sicherheit zuvor schon gehört.

Tabelle 24: Indikatoren der Markenvertrautheit[508]

[506] Vgl. Simonin/Ruth (1998), S. 35.
[507] Eigene Darstellung.

Mittels eines Gruppenvergleiches, indem eine Teilung der Gesamtstichprobe in zwei etwa gleich große Teilpopulationen stattfindet, wird der moderierende Einfluss der Markenvertrautheit überprüft. Für die Aufteilung der Stichprobe werden die relativen Ausprägungen der Moderatorvariablen herangezogen. Anhand der Berechnung des Medians, über die Indikatoren der Markenvertrautheit über alle Probanden hinweg, konnten die beiden Teilstichproben identifiziert werden. Die erste Teilgruppe umfasst 119 der insgesamt 221 Probanden. Diese haben bei der Befragung, auf der siebenstufigen Likert-Skala zur Markenvertrautheit, höchstens einen Mittelwert von 5,7 erreicht, wodurch sie zur Gruppe der mit McCafé weniger vertrauten Probanden gehören. Die zweite Teilstichprobe besteht aus den übrigen 102 Probanden. Diese haben, über die drei Indikatoren zur Markenvertrautheit hinweg, einen Mittelwert von mindestens 6,0 erzielt und zählen somit zur Gruppe der Probanden, die mit McCafé stärker vertraut sind.

Um gehaltvolle Aussagen über den moderierenden Effekt der Markenvertrautheit treffen zu können, ist es notwendig, die differierenden Gewichte bzw. Ladungen und t-Werte der Indikatoren der beiden Teilgruppen zu betrachten. Da im vorliegenden Untersuchungsmodell drei latente Variablen als Konstrukte zweiter Ordnung konzeptionalisiert sind, würde die Untersuchung der moderierenden Effekte mittels der ursprünglichen Indikatoren sehr komplex werden. Daher wird von einer Untersuchung mittels der Indikatorvariablen abgesehen und die Dimensionen (Konstrukte erster Ordnung) der jeweiligen Konstrukte zweiter Ordnung verwendet. Eine grundlegende Prämisse für die Durchführung von Modellvergleichen ist die Annahme der Messmodellinvarianz. Hierfür sollten die Varianzen bzw. Kovarianzen der latenten Variablen und Messfehler sowie die Faktorladungen statistisch nicht signifikant voneinander abweichen.[509] Sofern Messmodellinvarianz nicht gegeben ist, ist nicht mit Sicherheit davon auszugehen, dass Unterschiede in den Modellschätzungen evtl. auf ungleiche Verhältnisse zurückzuführen sind anstatt auf die Einflussnahme der moderierenden Variablen. Trendaussagen können jedoch auch in diesem Fall abgeleitet werden. Um eine grundlegende Gleichheit des Messinventariums sicherzustellen, wurde die Schätzung des Modells in den Subsamples auf Basis derselben Indikatoren durchgeführt.[510] Gerade mit Blick auf formative Messmodelle ist dabei von Interesse, ob die formativen Indikatoren in den Subsamples unterschiedliche Gewichte aufweisen. Vor dem Hintergrund des Erkenntnisfortschritts gerade mit Augenmerk

[508] Eigene Darstellung.
[509] Vgl. Byrne (1998), S. 260 ff.
[510] Vgl.Weiber/Mühlhaus (2010), S. 235 ff.; Baer (2004), S. 167 f.

auf die formativen Dimensionen der Konstrukte höherer Ordnung ist es notwendig, die Forderung nach Messmodellinvarianz für vorliegende Subsamples hinter die Identifikation von Handlungsempfehlungen anzustellen.[511]

Mit Augenmerk auf die Teilstichproben zur Markenvertrautheit, zeigt *Tabelle 25* sowohl die ermittelten Gewichte und t-Werte der formativ operationalisierten Konstrukte als auch die Ladungen und t-Werte der reflektiv operationalisierten Konstrukte.

Für die Beurteilung der Signifikanz der Indikatoren wird ein kritischer t-Wert von 1,66 festgelegt. Dieser gilt bei formativen Indikatoren für ein 10 %-iges und bei reflektiven Indikatoren für ein 5 %-iges Signifikanzniveau. Es ist zu erkennen, dass ausschließlich einige Dimensionen der formativen Konstrukte Markenattribute und Markenpersönlichkeit keinen signifikanten Einfluss auf das entsprechende Konstrukt ausüben. Bei den reflektiv operationalisierten Konstrukten wird der kritische Wert von allen Indikatoren weit überschritten. Diese sind folglich hoch signifikant. Ferner zeigen die Gewichte des Messinventars der Distributionspo-

Markenvertrautheit	**weniger vertraut**		**stärker vertraut**	
Dimensionen der Markenattribute	Gewichte	t-Werte	Gewichte	t-Werte
Produktpolitik	0,4301	4,5398	0,3395	4,6309
Preispolitik	0,1257	1,7584	0,3323	4,2487
Kommunikationspolitik	0,2941	3,3234	0,0929	1,2301
Distributionspolitik	-0,0117	0,1116	-0,0023	0,0261
Ausstattungspolitik	0,3729	3,7441	0,4714	4,0711
Personalpolitik	0,1524	1,5125	0,1578	2,1851
Prozesspolitik	0,0132	0,1574	0,0615	0,8786
Dimensionen der Markenpersönlichkeit	Gewichte	t-Werte	Gewichte	t-Werte
Kompetenz	0,1689	2,0395	0,5464	6,1336
Aufrichtigkeit	0,3634	3,3897	0,3078	2,9919
Erregung/Spannung	0,1168	1,2810	0,2223	2,8679
Kultiviertheit	0,4151	3,7793	-0,0353	0,2819
Robustheit	0,1682	1,1705	0,2247	2,2777
Dimensionen des Markennutzens	Gewichte	t-Werte	Gewichte	t-Werte
Funktionaler Nutzen	0,2850	3,0659	0,2300	1,8809

[511] Vgl. Huber et al. (2007b), S. 118.

Markenvertrautheit	weniger vertraut		stärker vertraut	
Preis-Wert-Komponente	0,1627	1,7173	0,3923	3,0339
Emotionaler Nutzen	0,3735	3,1481	0,4555	4,5163
Sozialer Nutzen	0,4848	3,4052	0,2688	2,1717
Lifestyle-Markenimage	Ladungen	t-Werte	Ladungen	t-Werte
	0,9738	140,2503	0,9632	86,9074
	0,9721	105,9461	0,9658	110,1335
	0,9410	51,4741	0,9283	38,1137
Mundpropaganda	Ladungen	t-Werte	Ladungen	t-Werte
	0,9529	95,7121	0,9512	85,3218
	0,9553	107,4496	0,9514	105,4297
	0,9621	65,9903	0,9753	150,7875

Tabelle 25: Gewichte, Ladungen und t-Werte der Teilstichproben zur Markenvertrautheit[512]

litik in beiden Subsamples negative Vorzeichen, was bei formativen Operationalisierungen durchaus vorkommen kann.[513] Mit Augenmerk auf die nicht signifikanten t-Werte können die Vorzeichen jedoch vernachlässigt werden. Im Fokus der Betrachtung des Gruppenvergleiches liegt die Hypothesenprüfung für beide Teilstichproben. Nimmt ein Strukturparameter einen Wert > 0,1 an und ist der t-Wert des jeweiligen Strukturparameters > 1,66 für ein Signifikanzniveau von 10 %, kann die Hypothese in der entsprechenden Teilpopulation bestätigt werden. *Tabelle 26* gibt einen Überblick über die Strukturparameter, die t-Werte sowie die bestätigten oder verworfenen Hypothesen.

Für die Teilstichprobe der mit McCafé weniger vertrauten Probanden konnte die positive Wirkung der positiven Wahrnehmung und Beurteilung der Markenattribute (H_1) sowie der Markenpersönlichkeit (H_2) auf das Lifestyle-Markenimage der Muttermarke nicht bestätigt werden. In der zweiten Teilgruppe, in der die Probanden stärker mit dem Markentransfer vertraut sind, konnte der aufgestellte Zusammenhang zwischen der Markenpersönlichkeit des Markentransfers und dem Lifestyle-Markenimage der Muttermarke ebenfalls nicht bestätigt werden (H_2). Weiterhin musste die Hypothese zum Markennutzen des Markentransfers und dem Lifestyle-Markenimage der Muttermarke aufgrund des t-Wertes für die zweite Teilstichprobe verworfen werden (H_3). Wohingegen die für die erste Teilgruppe verworfene Hypo-

[512] Eigene Darstellung.
[513] Vgl. Krafft et al. (2005), S. 78.

these H_1 für die Teilgruppe der stärker Vertrauten bestätigt werden konnte. Alle weiteren Hypothesen werden in beiden Subsamples bekräftigt.

	weniger vertraut			**stärker vertraut**		
Hypothesen	t-Werte	Struktur-parameter	Ergebnis	t-Werte	Struktur-parameter	Ergebnis
H_1 (MA→LMI)	0,6200	0,0800	nicht bestätigt	1,7761	0,3400	bestätigt
H_2 (MP→LMI)	1,5501	0,2080	nicht bestätigt	0,3808	0,0760	nicht bestätigt
H_3 (MN→LMI)	2,4268	0,3550	bestätigt	0,8325	0,1620	nicht bestätigt
H_{4a} (MA→MP)	27,1260	0,8290	bestätigt	24,1913	0,8060	bestätigt
H_{4b} (MA→MN)	3,2733	0,3440	bestätigt	5,0494	0,4810	bestätigt
H_5 (MP→MN)	4,392	0,4600	bestätigt	4,2770	0,4170	bestätigt
H_6 (LMI→MU)	17,4971	0,7620	bestätigt	11,0098	0,6710	bestätigt

Tabelle 26: Hypothesenprüfung der Teilstichproben der Markenvertrautheit[514]

Zur Prüfung der Güte der Ergebnisse werden die erklärte Varianz sowie die Vorhersagevalidität untersucht. Hierbei gelten die gleichen kritischen Werte wie für die Gesamtstichprobe. Wie den Werten in *Tabelle 27* zu entnehmen ist, sind die beiden Gütekriterien für beide Teilpopulationen der Markenvertrautheit erfüllt.

Gütekriterien	**Konstrukte**	**weniger vertraut**	**stärker vertraut**
Erklärte Varianz ($R^2 > 0,3$)	• Markenpersönlichkeit	0,6870	0,6500
	• Markennutzen	0,5917	0,7283
	• Lifestyle-Markenimage	0,3548	0,2993
	• Mundpropaganda	0,5808	0,4505
Vorhersagevalidität ($Q^2 > 0$)	• Lifestyle-Markenimage	0,1655	0,0758
	• Mundpropaganda	0,4839	0,3216

Tabelle 27: Gütekriterien der Teilstichproben der Markenvertrautheit[515]

Aufgrund der t-Werte und der Strukturparameter wurden die Hypothesen in den beiden Teilstichproben bestätigt oder verworfen. Unterschiede zwischen den Teilpopulationen in Bezug auf die postulierten Wirkungszusammenhänge, die auf die Stärke der Markenvertrautheit zu-

[514] Eigene Darstellung.
[515] Eigene Darstellung.

rückzuführen sind, sind daher direkt erkennbar, sofern die entsprechende Hypothese in der einen Teilgruppe bestätigt und in der anderen Teilgruppe nicht bestätigt werden konnte. Wird eine Hypothese in beiden Teilstichproben nicht bestätigt, ist die Wirkungsbeziehung für beide Gruppen gleich Null. Folglich ist kein Unterschied feststellbar. Ob jedoch die Stärke der Markenvertrautheit einen signifikanten Einfluss auf die Zusammenhänge ausübt, bei denen die Hypothese in beiden Teilpopulationen bestätigt wurde, die t-Werte jedoch unterschiedliche Ausprägungen aufzeigen, kann mittels der Berechnung des t-Wertes nach *Chin*[516] überprüft werden.[517] Zur besseren Übersicht stellt *Tabelle 28* nochmals dar, welche Hypothesen in welcher Teilstichprobe bestätigt bzw. verworfen wurden und zeigt gleichzeitig die ermittelten t-Werte nach *Chin*, um eine Aussage über die Signifikanz der Unterschiede in den bestätigten Hypothesen für beide Teilgruppen treffen zu können.

Hinsichtlich der bestätigten Hypothesen in beiden Teilgruppen kann für ein Signifikanzniveau von 10 % und einen kritischen t-Wert von 1,66 kein signifikanter Unterschied aufgrund der Stärke der Markenvertrautheit mit dem Markentransfer McCafé für den aufgestellten Einfluss der Markenpersönlichkeit auf den Markennutzen des Markentransfers bestätigt werden.

	Markenvertrautheit			
Hypothesen	weniger vertraut	stärker vertraut	t-Werte nach Chin	Ergebnis
H_1 (MA→LMI)	nicht bestätigt	bestätigt	1,0936	x
H_2 (MP→LMI)	nicht bestätigt	nicht bestätigt	0,5327	x
H_3 (MN→LMI)	bestätigt	nicht bestätigt	0,7752	x
H_{4a} (MA→MP)	bestätigt	bestätigt	0,5046	x
H_{4b} (MA→MN)	bestätigt	bestätigt	0,9716	x
H_5 (MP→MN)	bestätigt	bestätigt	0,3018	x
H_6 (LMI→MU)	bestätigt	bestätigt	1,1842	x

Tabelle 28: t-Werte nach Chin für Markenvertrautheit[518]

4.4.2.2 Markenstärke der Muttermarke

Ein weiterer moderierender Effekt der Rückwirkungen des Markentransfers wird durch die Markenstärke der Muttermarke angenommen.

[516] Vgl. Chin (2000).
[517] Vgl. Huber et al. (2007b), S. 122.
[518] Eigene Darstellung.

Die Markenstärke wird mittels ausgesuchter Indikatoren des Fragenkataloges von *Huber, Herrmann und Peter* operationalisiert. Dabei wird der Aussage der Autoren gefolgt, nach der die Markenstärke in die drei Komponenten Kognition, Emotion und Konation teilbar ist. Zu jeder Komponente wird jeweils ein Indikator in die vorliegende Studie aufgenommen. Der Indikator zur kognitiven Hinwendung (Indikator 1) soll über die Verankerung der Muttermarke McDonald's in der Vorstellungswelt der Konsumenten bzw. Probanden Aufschluss geben. Die emotionale Verbundenheit mit der Marke wird über einen weiteren Indikator identifiziert (Indikator 2). Außerdem resultiert die kognitive und emotionale Komponente in der konativen Ausrichtung der Konsumenten (Indikator 3), die in ihrem Verhalten gegenüber Dritten Ausdruck findet.[519] Von den Indikatoren des Fragenkataloges der Autoren wurde jeweils der Indikator jeder Komponente ausgewählt, der am Besten zum vorliegenden Untersuchungsgegenstand passt. *Tabelle 29* zeigt die verwendeten Indikatoren.

Zur Untersuchung dieses Zusammenhangs wird die Stichprobe wiederum nach dem vorliegenden Median geteilt. Die erste Teilgruppe besteht aus 113 Probanden, die die Markenstärke der Muttermarke McDonald's mit einem Mittelwert von höchstens 2,7 eher niedrig bewerten. Die zweite Teilstichprobe stuft die Marke McDonald's stärker ein und besteht aus 108 Pro-

Indikatoren der Markenstärke
Ich spreche häufig mit Freunden und Bekannten über McDonald's.
McDonald's ist mir sympathisch.
Ich empfehle Freunden und Bekannten, bei McDonald's essen zu gehen.

Tabelle 29: Indikatoren der Markenstärke[520]

banden. Analog der, im vorherigen Kapitel zur Markenvertrautheit als Moderatorvariable beschriebenen, Vorgehensweise wird der signifikante Einfluss der Markenstärke als moderierende Variable untersucht. Sowohl die Gewichte, Ladungen und t-Werte der Indikatoren als auch der Dimensionen der Konstrukte zweiter Ordnung für die beiden Teilpopulationen sind der nachstehenden *Tabelle 30* zu entnehmen. Die Ergebnisse zeigen, dass in beiden Stichproben einige Dimensionen der Markenattribute, der Markenpersönlichkeit und des Markennutzens keinen signifikanten Einfluss auf das jeweilige Konstrukt ausüben. Hier übersteigen die t-Werte den kritischen Wert von 1,66 nicht. Die Indikatoren der reflektiven Konstrukte sind dagegen alle signifikant.

[519] Vgl. Huber/Herrmann/Peter (2003), S. 353 f.
[520] Eigene Darstellung.

Auf Strukturmodellebene ist festzuhalten, dass für die Teilgruppe, die die Markenstärke McDonald's tendenziell gering einschätzen, weder ein signifikanter Einfluss der Markenpersönlichkeit des Markentransfers McCafé (H_2), noch des Markennutzens durch McCafé (H_3) auf das Lifestyle-Markenimage der Muttermarke festgestellt werden kann. Die Hypothese H_2 wird auch für die zweite Teilgruppe nicht bestätigt. Außerdem kann in dieser Teilgruppe, mit einer höheren empfundenen Markenstärke McDonald's, der Zusammenhang zwischen den Markenattributen McCafés und dem Lifestyle-Markenimage McDonald's nicht verifiziert werden (H_1). Alle weiteren Hypothesen können für die beiden Teilstichproben bestätig werden. Ein Überblick über die Hypothesenprüfung der Teilstichprobe, zeigt *Tabelle 31.*

Nach Prüfung des Modells auf den Erklärungsbeitrag der Konstrukte und die Progno-serelevanz lässt sich festhalten, dass das Lifestyle-Markenimage durch die Determinanten gut erklärt wird. Die erklärte Varianz der Mundpropaganda kann in beiden Subsamples allein durch das Image zu 40 Prozent abgebildet werden. Ferner ist festzuhalten, dass für den Vergleich der wahrgenommenen Markenstärke in Bezug auf das Konstrukt Lifestyle-Markenimage eine ungenügende Vorhersagevalidität vorliegt, so dass die Prognoserelevanz hier eingeschränkt ist. Die Ergebnisse der Güteprüfung werden in *Tabelle 23* anschaulich dargestellt.

Markenstärke	**niedrigere Markenstärke**		**höhere Markenstärke**	
Dimensionen der Markenattribute	Gewichte	t-Werte	Gewichte	t-Werte
Produktpolitik	0,4743	6,1063	0,2961	2,6345
Preispolitik	0,1954	2,5204	0,1601	1,0263
Kommunikationspolitik	0,2278	2,9956	0,2580	2,2882
Distributionspolitik	0,1292	1,8400	-0,0577	0,5743
Ausstattungspolitik	0,2886	3,2924	0,3836	3,2918
Personalpolitik	0,0395	0,4183	0,3874	3,5485
Prozesspolitik	0,1206	1,3873	0,0105	0,0865
Dimensionen der Markenpersönlichkeit	Gewichte	t-Werte	Gewichte	t-Werte
Kompetenz	0,4939	3,9589	0,3833	3,6870
Aufrichtigkeit	0,4968	4,4809	0,2112	1,3613
Erregung/Spannung	0,0233	0,1781	0,3713	3,2874
Kultiviertheit	0,1542	1,0705	0,1359	0,9937

Robustheit	-0,0186	0,1447	0,3084	1,9760
Dimensionen des Markennutzens	Gewichte	t-Werte	Gewichte	t-Werte
Funktionaler Nutzen	0,3719	2,9284	0,2190	1,3564
Preis-Wert-Komponente	0,3812	3,1291	0,2324	1,1487
Emotionaler Nutzen	0,3987	3,3150	0,4214	2,6075
Sozialer Nutzen	0,1347	1,1115	0,5408	2,7798
Lifestyle-Markenimage	Ladungen	t-Werte	Ladungen	t-Werte
	0,9708	85,0312	0,9533	77,6340
	0,9667	78,1203	0,9576	78,0755
	0,9338	48,7649	0,9152	28,0811
Mundpropaganda	Ladungen	t-Werte	Ladungen	t-Werte
	0,9256	31,0914	0,9281	49,3284
	0,9247	41,0060	0,9378	74,1014
	0,9487	37,8741	0,9576	90,9320

Tabelle 30: Gewichte, Ladungen und t-Werte der Teilstichproben zur Markenstärke[521]

	niedrigere Markenstärke			**höhere Markenstärke**		
Hypothesen	t-Werte	Struktur-parameter	Ergebnis	t-Werte	Struktur-parameter	Ergebnis
H_1 (MA→LMI)	2,4229	0,4090	bestätigt	0,3873	0,0590	nicht bestätigt
H_2 (MP→LMI)	0,1772	-0,0250	nicht bestätigt	1,3028	0,2370	nicht bestätigt
H_3 (MN→LMI)	0,8736	0,1350	nicht bestätigt	1,7637	0,2370	bestätigt
H_{4a} (MA→MP)	21,1225	0,7720	bestätigt	17,2268	0,7840	bestätigt
H_{4b} (MA→MN)	6,1067	0,6260	bestätigt	3,4378	0,4140	bestätigt
H_5 (MP→MN)	1,8539	0,2210	bestätigt	3,0661	0,3830	bestätigt
H_6 (LMI→MU)	6,9614	0,6040	bestätigt	12,9343	0,6690	bestätigt

Tabelle 31: Hypothesenprüfung der Teilstichproben der Markenstärke[522]

Die Berechnung des t-Wertes nach *Chin* gibt abschließend Aufschluss über den signifikanten Einfluss der Markenstärke als Moderatorvariable mit Augenmerk auf die Unterschiede zwischen den beiden Teilstichproben. *Tabelle 33* zeigt, dass Unterschiede zwischen den Teilpopulationen für die Hypothesen H_1 und H_3 identifiziert werden können.

[521] Eigene Darstellung.
[522] Eigene Darstellung.

Gütekriterien	Konstrukte	niedrigere Marken-stärke	höhere Marken-stärke
Erklärte Varianz ($R^2 > 0,3$)	• Markenpersönlichkeit	0,5960	0,6149
	• Markennutzen	0,6543	0,5658
	• Lifestyle-Markenimage	0,2537	0,2372
	• Mundpropaganda	0,3648	0,4479
Vorhersagevalidität ($Q^2 > 0$)	• Lifestyle-Markenimage	-0,0097	-0,0430
	• Mundpropaganda	0,1819	0,3006

Tabelle 32: Gütekriterien der Teilstichproben der Markenstärke[523]

4.4.2.3 Fit zwischen Muttermarke und Markentransfer

Dem wahrgenommenen Fit zwischen der Muttermarke McDonald's und dem Markentransfer McCafé wird, neben der Markenvertrautheit mit McCafé und der Markenstärke McDonald's, ebenfalls ein moderierender Effekt unterstellt. Zur Operationalisierung des Fits wurden die Fragen zur Konsistenz eines Markentransfers zur Muttermarke von *Roedder John, Loken und Joiner* verwendet (vgl. *Tabelle 34*).[524]

	Markenstärke			
Hypothesen	niedrigere Markenstärke	höhere Markenstärke	t-Werte nach Chin	Ergebnis
H_1 (MA→LMI)	bestätigt	nicht bestätigt	1,5421	x
H_2 (MP→LMI)	nicht bestätigt	nicht bestätigt	1,1492	x
H_3 (MN→LMI)	nicht bestätigt	bestätigt	0,4985	x
H_{4a} (MA→MP)	bestätigt	bestätigt	0,2084	x
H_{4b} (MA→MN)	bestätigt	bestätigt	1,3511	x
H_5 (MP→MN)	bestätigt	bestätigt	0,9431	x
H_6 (LMI→MU)	bestätigt	bestätigt	0,6295	x

Tabelle 33: t-Werte nach Chin für Markenstärke[525]

Indikatoren des Fits
McCafé und das Image von McDonald's sind vereinbar.
McCafé und das Image von McDonald's sind ähnlich.

[523] Eigene Darstellung.
[524] Vgl. Roedder John/Loken/Joiner (1998), S. 23.
[525] Eigene Darstellung.

Indikatoren des Fits
McCafé steht repräsentativ für das Image von McDonald's.
McCafé ist typisch für das Image von McDonald's.

Tabelle 34: Indikatoren des Fits[526]

Die Gesamtstichprobe von 221 Probanden wird wiederum, hier jedoch in Abhängigkeit der Einschätzung der wahrgenommenen Kongruenz der Images von McCafè und McDonald's, in zwei Teilpopulationen untergliedert. Die Probanden der ersten Teilgruppe (n=124) nehmen den Fit zwischen McDonald's und McCafé im Mittel eher als geringe wahr (<= 4). Die übrigen 97 Probanden sind der zweiten Teilgruppe zuzuordnen und beurteilen den Fit (>4,3) tendenziell höher.

Analog der, in vorigen Kapiteln beschriebenen, Vorgehensweise wird der signifikante Einfluss der Image-Kongruenz zwischen McCafè und McDonald's als moderierende Variable untersucht.

Tabelle 35 zeigt die Darstellung der Gewichte, Ladungen und t-Werte der Dimensionen der drei formativ operationalisierten Konstrukte zweiter Ordnung Markenattribute, Markenpersönlichkeit und Markennutzen sowie der Indikatoren der drei reflektiven Konstrukte Markenstärke, Lifestyle-Markenimage und Mundpropaganda. Für die reflektiven Konstrukte werden die kritischen Werte der Ladungen und t-Werte für jeden Indikator in beiden Teilstichproben erreicht. Die Dimensionen der Konstrukte zweiter Ordnung, die alle formativ operationalisiert sind, erreichen nicht alle den kritischen t-Wert von 1,66. Um welche Dimensionen es sich in der jeweiligen Teilgruppe handelt, ist ebenfalls *Tabelle 35* zu entnehmen.

Über die Bestätigung bzw. die Ablehnung der Hypothesen in beiden Teilpopulationen gibt schließlich *Tabelle 36* Aufschluss.

Wie aus den Ergebnissen zu erkennen ist, werden die Hypothesen über den Wirkungszusammenhang der Markenattribute (H_1), der Markenpersönlichkeit (H_2) und des Markennutzens (H_3) auf das Lifestyle-Markenimage der Muttermarke für die Teilgruppe nicht bestätigt, die den Fit zwischen McDonald's und McCafé eher gering einschätzt. In der Teilgruppe des hö-

[526] Eigene Darstellung.

her wahrgenommenen Fits kann ebenfalls Hypothese H_2 nicht belegt, wohingegen Hypothesen H_1 und H_3 bekräftigt werden.

Die Güte der Ergebnisse hinsichtlich der erklärten Varianz und der Vorhersagevalidität ist für beide Teilpopulationen, mit Ausnahme des Lifestyle-Markenimages, gegeben.

Die abschließende t-Wert-Berechnung nach *Chin* zeigt das Vorliegen signifikanter Unterschiede zwischen den Teilpopulationen auf. Wie *Tabelle 38* zu entnehmen ist, ist der Unterschied zwischen den Teilstichproben hinsichtlich der bestätigten Hypothesen H_{4a} signifikant. Ferner zeigen Hypothese 1 und 3, in Abhängigkeit der Samples, Unterschiede in der Hypotheseverifikation.

Nachdem die Schätzergebnisse des Untersuchungsmodells nun vollständig dargestellt sind, wird im nächsten Kapitel ihre inhaltliche Aussage diskutiert.

Fit	**geringerer Fit**		**höherer Fit**	
Dimensionen der Markenattribute	Gewichte	t-Werte	Gewichte	t-Werte
Produktpolitik	0,3955	3,9543	0,4010	4,8549
Preispolitik	0,1617	1,3034	0,2145	3,5917
Kommunikationspolitik	0,1728	1,5446	0,2103	2,8187
Distributionspolitik	0,0513	0,4517	0,0653	0,8659
Ausstattungspolitik	0,4813	5,0513	0,3467	3,6345
Personalpolitik	0,1713	1,5998	0,0788	0,8288
Prozesspolitik	0,1384	1,4064	0,0048	0,0485
Fit	**geringerer Fit**		**höherer Fit**	
Dimensionen der Markenpersönlichkeit	Gewichte	t-Werte	Gewichte	t-Werte
Kompetenz	0,4572	4,4910	0,4246	3,8893
Aufrichtigkeit	0,3298	2,5296	0,2193	1,8317
Erregung/Spannung	0,3009	2,6188	0,0514	0,5740
Kultiviertheit	0,1579	1,2054	0,3145	2,5528
Robustheit	0,0370	0,2869	0,1870	1,7709
Dimensionen des Markennutzens	Gewichte	t-Werte	Gewichte	t-Werte
Funktionaler Nutzen	0,3054	2,2078	0,2148	1,7142

Fit	**geringerer Fit**		**höherer Fit**	
Preis-Wert-Komponente	0,2615	1,8452	0,2851	2,0556
Emotionaler Nutzen	0,5535	3,8353	0,3859	3,3902
Sozialer Nutzen	0,2231	1,3319	0,3645	3,2906
Lifestyle-Markenimage	Ladungen	t-Werte	Ladungen	t-Werte
	0,9689	140,4261	0,9693	74,3122
	0,9697	150,7902	0,9694	91,0413
	0,9109	33,2957	0,9559	76,0917
Mundpropaganda	Ladungen	t-Werte	Ladungen	t-Werte
	0,9518	82,2913	0,9521	66,6889
	0,9509	105,1292	0,9655	128,3742
	0,9588	77,0201	0,9829	260,0884

Tabelle 35: Gewichte, Ladungen und t-Werte der Teilstichproben zum Fit[527]

	geringerer Fit			**höherer Fit**		
Hypothesen	t-Werte	Struktur-parameter	Ergebnis	t-Werte	Struktur-parameter	Ergebnis
H_1 (MA→LMI)	1,0775	0,1540	nicht bestätigt	2,0971	0,3620	bestätigt
H_2 (MP→LMI)	0,9594	0,1470	nicht bestätigt	0,9399	-0,1420	nicht bestätigt
H_3 (MN→LMI)	1,5370	0,1980	nicht bestätigt	3,0776	0,4860	bestätigt
H_{4a} (MA→MP)	16,4116	0,7510	bestätigt	28,4812	0,8570	bestätigt
H_{4b} (MA→MN)	4,0214	0,4430	bestätigt	5,1555	0,5110	bestätigt
H_5 (MP→MN)	3,4636	0,3440	bestätigt	3,7096	0,3780	bestätigt
H_6 (LMI→MU)	12,2238	0,7090	bestätigt	10,1613	0,7230	bestätigt

Tabelle 36: Hypothesenprüfung der Teilstichproben des Fits[528]

Gütekriterien	**Konstrukte**	**geringerer Fit**	**höherer Fit**
Erklärte Varianz ($R^2 > 0,3$)	• Markenpersönlichkeit	0,5647	0,7347
	• Markennutzen	0,5438	0,7354
	• Lifestyle-Markenimage	0,2011	0,4800
	• Mundpropaganda	0,5023	0,5229

527 Eigene Darstellung.
528 Eigene Darstellung.

Gütekriterien	Konstrukte	geringerer Fit	höherer Fit
Vorhersagevalidität ($Q^2 > 0$)	• Lifestyle-Markenimage	-0,1058	0,3457
	• Mundpropaganda	0,3819	0,4214

Tabelle 37: Gütekriterien der Teilstichproben des Fits[529]

	Fit			
Hypothesen	geringerer Fit	höherer Fit	t-Werte nach Chin	Ergebnis
H_1 (MA→LMI)	nicht bestätigt	bestätigt	0,9401	x
H_2 (MP→LMI)	nicht bestätigt	nicht bestätigt	1,3268	x
H_3 (MN→LMI)	nicht bestätigt	bestätigt	1,4340	x
H_{4a} (MA→MP)	bestätigt	bestätigt	1,8278	√
H_{4b} (MA→MN)	bestätigt	bestätigt	0,4412	x
H_5 (MP→MN)	bestätigt	bestätigt	0,2372	x
H_6 (LMI→MU)	bestätigt	bestätigt	0,1659	x

Tabelle 38: t-Werte nach Chin für Fit[530]

4.5 Interpretation der Ergebnisse

4.5.1 Gesamtstichprobe

Der Operationalisierung der Konstrukte im Untersuchungsmodell sowie der Darstellung der Schätzergebnisse auf Messmodell- und Strukturmodellebene folgt nun die Interpretation der gewonnenen Ergebnisse. Entsprechend der Thematik der Arbeit soll der Fokus dabei besonders auf den direkten Rückwirkungseffekten der Markenerweiterung McCafé auf das Image der Muttermarke McDonald's liegen.

Das Untersuchungsmodell unterstellte dem Markentransfer McCafé hinsichtlich seiner Markenattribute, seiner Markenpersönlichkeit und seinem Markennutzen einen direkten Einfluss auf die Generierung eines Lifestyle-Markenimages für McDonald's. Es wurde angenommen, dass die positive Wahrnehmung und Beurteilung der Markenattribute und der Markenpersönlichkeit von McCafé sowie eines hohen Markennutzens durch McCafé eine positive Wirkung auf das Image McDonald's als Lifestyle-Marke ausübt (vgl. Hypothese H_1, H_2, H_3). Sowohl der Einfluss der Markenattribute als auch des Markennutzens kann bestätigt werden. Die

[529] Eigene Darstellung.
[530] Eigene Darstellung.

Markenpersönlichkeit McCafés hat jedoch keine signifikante Wirkung hinsichtlich der Generierung des Lifestyle-Markenimages von McDonald's.

Zunächst findet eine genaue Analyse der Ergebnisse zum Einfluss der *Markenattribute* McCafés auf das Lifestyle-Markenimage McDonald's statt (H_1). Die Gewichte und t-Werte der einzelnen Dimensionen (Konstrukte erster Ordnung) der Markenattribute zeigen die unterschiedliche Relevanz dieser Dimensionen für die Markenattribute McCafés. Von den sieben Dimensionen besitzen fünf einen signifikanten Einfluss auf die Markenattribute. Den mit Abstand größten Einfluss weist dabei die Produktpolitik gefolgt von der Ausstattungspolitik auf. Daran schließen sich die Preis- und Kommunikationspolitik an. Die Personalpolitik zeigt den geringsten Einfluss der fünf signifikanten Dimensionen. Als nicht signifikante Dimensionen werden die Distributions- und Prozesspolitik identifiziert.

Wie die Ergebnisse zeigen, stellt die *Produktpolitik* die wichtigste Dimension der Markenattribute dar. Sie wurde anhand mehrerer Indikatoren zur Produktqualität, zur Verpackung und auch zur Sortenvielfalt operationalisiert. Lediglich einer der zugehörigen Indikatoren weist einen signifikanten t-Wert auf. Dieser gehört zur Produktqualität, wodurch folglich dieser Aspekt McCafés als wichtigster innerhalb der Produktpolitik ist. Die Konsumenten legen dabei weniger Wert auf hochwertige Inhaltsstoffe und eine hohe Qualität der Produkte. Wichtiger sind ihnen vielmehr die natürlichen Inhaltsstoffe der Produkte. Dieses Ergebnis bestätigt den aktuellen Trend hinsichtlich der Gesundheitsorientierung der Konsumenten. Dieser Trend identifiziert eine besondere Sensibilität der Verbraucher bezüglich gesunder Produkte. Die Hinwendung zu natürlichen Inhaltsstoffen wird beispielsweise durch die vermehrte Nachfrage nach Bio-Produkten ersichtlich.[531] Die Ergebnisse der Studie bestätigen folglich diese Entwicklung. Im Gegensatz zur Produktqualität zeigen die Indikatoren zur Verpackung sowie zur Sortenvielfalt der Produkte McCafés keine signifikante Wirkung auf die Produktpolitik. Da die Produkte McCafés ausschließlich in Gläsern und auf hochwertigem Porzellangeschirr serviert werden und sich damit zu den Verpackungen aus Pappe und Papier bei McDonald's unterscheiden, wurden Indikatoren bezüglich der Verpackung der Produkte McCafés in den Fragebogen aufgenommen. Die Annahme, dass die Konsumenten diesen Unterschied zu McDonald's als relevant betrachten, wurde durch die Ergebnisse widerlegt. Für dieses Resultat sind zwei Begründungen abzuleiten. Einerseits ist denkbar, dass die Verbraucher nur eine

[531] Vgl. Schilling/Volkenand (2005), S. 6 f.; siehe auch Kapitel 2.1.4.

geringe Sensibilität dafür haben, dass die Produkte McCafés auf hochwertigem Geschirr und nicht beispielsweise in Pappbechern, wie dies in einem Fast Food-Restaurant normalerweise üblich ist, serviert werden. Dies würde bedeuten, dass dieser Aspekt aus Verbrauchersicht keine oder nur eine geringe Relevanz besitzt. Andererseits kann vermutet werden, dass die Probanden die diesbezüglichen Indikatoren im Fragebogen aufgrund der Formulierungen[532] nicht auf die Hochwertigkeit des Geschirrs, das im Restaurant verwendet wird, bezogen, sondern auf die To-Go-Produkte McCafés, deren Verpackung die übliche eines Fast Food-Restaurants darstellt. Damit den Probanden die Hochwertigkeit des Geschirrs bei McCafé nicht direkt vor Augen geführt wird, wurden die Fragen im Fragebogen beabsichtigt sehr allgemein formuliert. Allerdings besitzen sie möglicherweise aufgrund dessen keine Signifikanz. Dass die Sortenvielfalt der Produkte McCafés keine signifikante Wirkung aufweist, liegt womöglich an der grundsätzlich vorzufindenden Sortenvielfalt der Produkte in einem Fast Food-Restaurant. So bietet McDonald's beispielweise den Chickenburger, den Hamburger Chicken Napoli sowie den McChicken in seinem Sortiment als Hamburger mit Hähnchenfleisch an.[533] Die Konsumenten setzen demzufolge vermutlich eine große Auswahl leicht variierender Produkte voraus, weshalb die hohe Sortenvielfalt der Produkte McCafés keine Neuerung darstellt und somit keine hohe Relevanz aus Verbrauchersicht aufweist.

Die Dimension, die den zweitgrößten Einfluss auf die Markenattribute McCafés ausübt, ist die *Ausstattungspolitik*. Ihre Operationalisierung bestand aus Indikatoren zum Bereich Ambiente und Einrichtung. Die Indikatoren zur Einrichtung zeigen, obwohl sie einen wichtigen Beitrag zur Atmosphäre liefern, keinen signifikanten Einfluss. Dieses Ergebnis kann im Sinne des Grund- und Zusatznutzens von *Vershofen* gedeutet werden.[534] Die Konsumenten legen offenbar vergleichsweise weniger Wert auf tatsächliche Gegebenheiten als auf die von ihnen empfundene Atmosphäre. So besitzt der Indikator zur guten Atmosphäre McCafés den einzigen signifikanten t-Wert in der Ausstattungspolitik. Hierdurch wird die Bedeutung des Ambientes als Zusatznutzen ersichtlich. Die Konsumenten möchten genau die Stimmung vorfinden, die sie sich bei einem Besuch McCafés wünschen und in der sie sich wohlfühlen können. Es ist allerdings anzunehmen, dass die Einrichtung, die die Konsumenten bei McCafé vorfinden, eine Wirkung auf die Wahrnehmung der Atmosphäre besitzt und daher implizit in die Beurteilung dieser einbezogen wird. Die aufgezeigte Wichtigkeit der Ausstattungspolitik McCafés in den Augen der Konsumenten belegt, dass die Modernisierung der McDonald's

[532] Die Indikatoren sind in Kapitel 4.3.1.1 zur Operationalisierung der zu untersuchenden Konstrukte.
[533] Vgl. McDonalds (o.J.e).
[534] Vgl. Vershofen (1959), S. 86 ff.

Restaurants durch die Integration der McCafé-Kaffeelounges eine richtige Entscheidung darstellt. Mit der völlig neuen Ausstattung der Räumlichkeiten mit Holz- und Lederelementen in angenehmen Erdtönen, die zum Verweilen und Entspannen einlädt,[535] ist ein neues, modernes und trendorientiertes Ambiente geschaffen worden, dass innerhalb der Markenattribute McCafés annähernd die höchste Relevanz besitzt und somit von den Verbrauchern gewünscht wird.

Bezüglich der *Preise* lassen die Ergebnisse erkennen, dass die Konsumenten größeren Wert auf einen grundsätzlich niedrigen Preis der Produkte McCafés legen. Der Vergleich der Produkte mit denen anderer Kaffeehäuser zeigt eine geringere Bedeutung für die Verbraucher auf. Die Konsumenten bilden folglich ihr Preisgünstigkeitsurteil[536] mittels interner Preisnormen,[537] indem sie den Preis eines Produktes von McCafé mit ihren bisherigen Erfahrungen bzw. mit ihren Erwartungen an zukünftige Preise vergleichen. Das Preisurteil bilden sie dementsprechend über einen Referenz- bzw. Ankerpreis, der aus der sogenannten Preisgeschichte entsteht.[538] Die Produkte McCafés werden dementsprechend von den Verbrauchern weniger über den Vergleich mit den Konkurrenzpreisen beurteilt,[539] sondern vielmehr über einen internen, eigens entwickelten Beurteilungsmaßstab.

Die *Kommunikationspolitik* wurde anhand der Werbung und der in der Werbung eingesetzten Bilder und Persönlichkeiten untersucht. Die Werbebilder und -persönlichkeiten haben keine signifikante Wirkung auf die Kommunikationspolitik. Dagegen zeigt ein signifikanter Indikator der Werbung, dass den Konsumenten insbesondere die Ausgefallenheit der Werbung wichtig erscheint. Für die Verbraucher ist demnach nicht das Image wichtig, das die Personen verkörpern, die beispielsweise in den TV-Werbespots zu sehen sind. Vielmehr ist der Erlebnisgehalt der Werbung von Relevanz. Dies bestätigt wiederum einen der derzeitigen Trends im Verbraucherverhalten. Die Konsumenten fordern den Erlebnischarakter des Konsums, der zur Stiftung eines Zusatznutzens beiträgt.[540] Die Ausgefallenheit der Werbung von McCafé

[535] Vgl. o.V. (2004); Riegler (o.J.).

[536] Findet die Preisbeurteilung ausschließlich auf Basis preislicher Aspekte statt, d. h. eine Qualitätsbeurteilung wird nicht einbezogen, wird dies mit dem Begriff des Preisgünstigkeitsurteils ausgedrückt. Vgl. Meffert/Bruhn (2009), S. 309.

[537] Nach der Theorie des Ankerpreises werden beobachtete Preise mit internen Preisnormen verglichen. Vgl. Meffert/Bruhn (2009), S. 309.

[538] Nach der Adaptionsniveau-Theorie resultiert der Ankerpreis aus der Preisgeschichte. Vgl. Helson 1964; Kalyanaram/Winer (1995), S. 161 ff.; Siems (2003), S. 38 f.; Simon/Fassnacht (2009), S. 154.

[539] Dies belegt auch Siems (2003), S. 39.

[540] Vgl. Meffert/Giloth (2002). S. 115.

aktiviert positive Gefühle und schafft damit einen gewissen Erlebniswert für die Verbraucher.[541]

Die letzte Dimension, die einen signifikanten, jedoch geringeren Einfluss auf die Markenattribute McCafés ausübt, stellt die *Personalpolitik* dar. Bei diesem Marketinginstrument kommt es den Konsumenten besonders darauf an, dass die Mitarbeiter McCafés die Konsumentenbedürfnisse erkennen. Die Freundlichkeit und Hilfsbereitschaft der Mitarbeiter zeigt keine signifikante Wichtigkeit für die Kunden auf. Vermutlich werden diese Eigenschaften der Mitarbeiter implizit vorausgesetzt und die Forderung der Kunden liegt auf einem individuellen Service, der ihre Bedürfnisse zufrieden stellt.

Neben den genannten Dimensionen, die einen signifikanten Einfluss ausüben, weisen die beiden Dimensionen *Distributions-* und *Prozesspolitik* keine signifikante Wirkung auf die Markenattribute McCafés auf. Die Fragen zur Operationalisierung dieser beiden Dimensionen wurden auf den gegenwärtigen Convenience-Trend im Verbraucherverhalten ausgelegt.[542] Einerseits wurde die örtliche und zeitliche Erreichbarkeit McCafés (Distributionspolitik) und andererseits die geringe Wartezeit bei McCafé (Prozesspolitik) betrachtet. Die Ergebnisse zeigen, dass der Faktor „Zeit" hinsichtlich der Annehmlichkeit eines Besuches bei McCafé bei den Konsumenten offenbar keine hohe Relevanz besitzt. Da ein Fast Food-Restaurant, dem die Markenerweiterung McCafé zuzurechnen ist, schon dem Wort entsprechend Schnelligkeit verspricht,[543] schenken die Konsumenten diesem Aspekt der Markenattribute McCafés offenbar keine bzw. geringere Aufmerksamkeit.

Die Ergebnisse zeigen, dass eine Ausrichtung der Markenattribute der Markenerweiterung McCafé an den aktuellen Verbrauchertrends von Vorteil ist. Besonders die Gesundheitsorientierung der Konsumenten spielt hier eine bedeutende Rolle. Aufgrund der Trendorientierung und der Ausgestaltung der Markenerweiterung im Sinne der Wünsche und Forderungen der Konsumenten werden positive Gefühle gegenüber der Markenerweiterung generiert. Diese verursachen positive Rückwirkungseffekte, die der Muttermarke McDonald's zu einem Lifestyle-Markenimage verhelfen.

---

[541] Vgl. Weinberg (1992), S. 3.; Weinberg/Diehl (2001), S. 189.
[542] Vgl. Meffert/Giloth (2002). S. 114.
[543] Der englische Begriff „Fast Food" wird mit „Schnellimbiss" ins Deutsche übersetzt.

Zusätzlich zu den Markenattributen kann dem *Markennutzen* McCafés ein signifikanter direkter Einfluss auf das Lifestyle-Markenimage McDonald's nachgewiesen werden. So übt die Wahrnehmung und Beurteilung eines hohen Markennutzens durch McCafé eine positive Wirkung auf das Image McDonald's als Lifestyle-Marke aus (H_3). Von Interesse sind hierbei die Unterschiede in der Bedeutsamkeit der einzelnen Dimensionen des Markennutzens. Den größten Einfluss auf den Markennutzen McCafés besitzt die emotionale Nutzenkomponente. Darauf folgen der soziale Nutzen und anschließend der funktionale Nutzen sowie die Preis-Wert-Komponente des Nutzens.

Die hohe Signifikanz des emotionalen sowie des sozialen Nutzens bestätigt die Relevanz des Zusatznutzens eines Produktes bzw. einer Marke für die Verbraucher. Nicht der Grundnutzen, der sich in den physisch-funktionalen Eigenschaften eines Produktes wiederspiegelt und in dieser Arbeit durch den funktionalen Nutzen und die Preis-Wert-Komponente des Nutzens gemessen wurde, besitzt aus Verbrauchersicht die höchste Relevanz. Vielmehr muss eine Marke den Konsumenten einen Zusatznutzen bieten, der auf den psychisch-sozialen Eigenschaften eines Produktes bzw. einer Marke basiert.[544] Die Verbraucher erwarten dementsprechend, dass ein Besuch bei McCafé positive Gefühle hervorruft und damit einen *emotionalen Nutzen* schafft. Wie die Schätzergebnisse der Indikatoren der emotionalen Nutzendimension zeigen, ist den Konsumenten die Freude an einem Besuch bei McCafé besonders wichtig, um einen emotionalen Nutzen durch McCafé zu erfahren.

Der *soziale Nutzen* trägt ebenfalls zur Empfindung eines Zusatznutzens bei und wird in der Untersuchung als signifikanter Einflussfaktor auf den Markennutzen McCafés identifiziert. Den Konsumenten ist sowohl die Aufwertung ihres persönlichen Images durch einen Besuch bei McCafé wichtig als auch, dass McCafé ihr persönliches Image zum Ausdruck bringt. Die höhere Relevanz der emotionalen und sozialen Nutzendimensionen zeigt die Forderung der Konsumenten an die Marke McCafé, nicht nur durch die Qualität und ein gutes Preis-Leistungsverhältnis der Produkte einen Grundnutzen zu stiften, sondern ebenfalls einen Zusatznutzen zu generieren. Dass die soziale Markennutzendimension eine hohe Bedeutung besitzt, veranschaulicht zudem, dass die Konsumenten ihr wirkliches Selbstkonzept durch McCafé zum Ausdruck bringen möchten („McCafé bringt meine Persönlichkeit zum Ausdruck") und dieses gleichzeitig in Richtung ihres idealen Selbstkonzeptes aufwerten können („Ein Besuch

[544] Die Relevanz des Zusatznutzens postulierte bereits Vershofen (1959), 86 ff.; Moser (1963), S. 216; Berekoven (1979), S. 7.

bei McCafé wertet mein persönliches Image auf"). Verbinden die Konsumenten folglich ihr Selbstkonzept mit dem Image McCafés, ist die Rückwirkung der Markenerweiterung auf die Generierung des Lifestyle-Markenimages McDonald's mittels des Markennutzens der Markenerweiterung gegeben.

Die *Markenpersönlichkeit* McCafés, der ebenso ein direkter Einfluss auf das Image der Muttermarke unterstellt wurde, zeigt keine signifikant positive direkte Wirkung auf das Image McDonald's als Lifestyle-Marke (H_2). Grundsätzlich strebt ein Konsument die Verknüpfung einer Marke mit menschlichen Eigenschaften an, damit die Interaktion mit der Marke für ihn vereinfacht wird.[545] Einige Unternehmen setzen daher die Personifizierung der Marke als Marketingstrategie ein. So konnte auch die Muttermarke McDonald's durch die Werbefigur *Ronald McDonald* ein inneres Bild für die Konsumenten im Sinne einer eigenen Persönlichkeit von McDonald's aufbauen.[546] Dass die Hypothese zum Einfluss der Markenpersönlichkeit McCafés auf das Image McDonald's verworfen wird, kann damit in Zusammenhang stehen, dass die Konsumenten zu McCafé (noch) kein konkretes inneres Bild von Persönlichkeitsmerkmalen aufgebaut haben. Die Schätzergebnisse der Dimensionen der Markenpersönlichkeit McCafés zeigen zwar, dass vor allem die beiden Persönlichkeitsdimensionen Kompetenz und Aufrichtigkeit einen hohen signifikanten Einfluss auf die Markenpersönlichkeit ausüben. Jedoch kann die Verknüpfung der Marke mit den Persönlichkeitsfacetten Zuverlässigkeit, Intelligenz und auch Ehrlichkeit und Gesundheit dieser Dimensionen vermutlich keine eindeutige Persönlichkeit verkörpern, die sich bei den Konsumenten verinnerlicht. Im Allgemeinen wird mit der vom Unternehmen induzierten Markenpersönlichkeit eine Orientierung am Lebensstil der Konsumenten angestrebt und daher die Markenpersönlichkeit auf die gewünschte Zielgruppe ausgelegt.[547] Mit McCafé möchte der Fast Food-Konzern jedoch eine sehr breite Zielgruppe erreichen. So sollen neben den bisherigen auch neue Kundengruppen angesprochen werden, wie etwa junge Mütter, die einen „Latte Grande" trinken, während sich ihr Kind an einem Happy-Meal erfreut, oder Seniorengruppen, die Kaffee und Kuchen bei McCafé genießen.[548] Möglicherweise strebt das Unternehmen deshalb eine Markenstrategie an, die die Markenpersönlichkeit McCafés sehr offen und weniger spezifisch darstellt, um eine möglichst breite Kundengruppe anzusprechen. Dies führt allerdings zu einer Generalisierung der Markenassoziationen, die prinzipiell im Verlust der klaren Markenpersönlichkeit

[545] Vgl. Meffert/Burmann/Kirchgeorg (2008), S. 365.
[546] Vgl. Aaker (1996), S. 90 ff; Keller (2008), S. 53.
[547] Vgl. Meffert/Burmann/Kirchgeorg (2008), S. 365.
[548] Vgl. Riegler (o.J.).

resultiert.[549] Hierdurch besteht die Möglichkeit, dass die Kunden kein konkretes Persönlichkeitsbild von der Markenerweiterung entwickeln können. Konkrete Assoziationen sind allerdings von Relevanz, damit die Konsumenten ihre Werthaltungen und damit ihr Selbstkonzept mit der Markenpersönlichkeit McCafés verbinden.[550] Womöglich hat die Markenpersönlichkeit McCafés aufgrund der Generalisierung der Markenassoziationen durch die Ansprache einer breiteren Zielgruppe keinen signifikanten Einfluss auf die Veränderung des Images McDonald's hin zu einer Lifestyle-Marke.

Die im Untersuchungsmodell postulierten *Beziehungen zwischen den Markenattributen, der Markenpersönlichkeit und dem Markennutzen* McCafés können aufgrund der Untersuchungsergebnisse bestätigt werden. So wirkt die positive Wahrnehmung und Beurteilung der Markenattribute McCafés positiv auf die Wahrnehmung und Beurteilung der Markenpersönlichkeit des Markentransfers (H_{4a}). Da sowohl die direkten als auch indirekten Treiber der Markenpersönlichkeit den Markenattributen einer Dienstleistung zuzuschreiben sind,[551] liegt die Bestätigung der Hypothese nahe. Wird beispielsweise die Qualität der Produkte oder die Ladengestaltung McCafés von einem Konsumenten positiv empfunden, beeinflusst dies die positive Wahrnehmung der Markenpersönlichkeit. Jeder Kontakt des Konsumenten mit McCafé, im Sinne des Kontaktes der Verbraucher mit den Marketing-Mix-Instrumenten der Markenerweiterung, beeinflusst die wahrgenommene Markenpersönlichkeit.[552] Nach der Adding-Regel des Informations-Integrations-Ansatzes summiert ein Konsument die Einzelbewertungen über McCafé auf. Dabei dient jede positive Beurteilung der Steigerung der positiven Wahrnehmung und Beurteilung der Markenpersönlichkeit.[553] Da die Marke McCafé eine Dienstleistung verkörpert, basiert ihre Beurteilung nicht nur auf Einzelbewertungen hinsichtlich der Eigenschaften der „4 Ps" des Konsumgütermarketings, die die Produkt-, Preis-, Distributions- und Kommunikationspolitik einschließen, sondern ebenso auf den drei zusätzlichen Marketinginstrumenten des Dienstleistungsmarketings. So werden die Konsumenten in ihrer Beurteilung dementsprechend zusätzlich von der Einrichtung der McCafé-Kaffeelounges sowie dem dortigen Ambiente beeinflusst. Außerdem bewirkt der direkte Kontakt des Kunden zu den Mitarbeitern McCafés eine direkte Verknüpfung der Persönlichkeit der Mitarbeiter mit

[549] Vgl. Roedder John/Loken/Joiner (1998), S. 19; Kaufmann (2006), S. 9.
[550] Vgl. Herrmann/Huber/Braunstein (2001), S. 119 f.
[551] Zur Herleitung des Zusammenhangs zwischen den Markenattributen und der Markenpersönlichkeit siehe Kapitel 3.3.1.
[552] Vgl. Hieronimus (2003), S. 82 f.
[553] Vgl. Priemer (1999), S. 200; Vogel/Huber (2007), S. 30. Siehe auch Kapitel 3.1.

dem Unternehmen, die auch zum Aufbau der Markenpersönlichkeit McCafés beiträgt.[554] Für McCafé besteht daher die Möglichkeit einer großen Anzahl positiver Bewertungen, die somit ein positives Gesamturteil der Marke bezüglich der Markenpersönlichkeit zulässt. Dieser Effekt ist plausibel und wird im Untersuchungsmodell mit dem höchsten Strukturparameter von 0,8030 und t-Wert von 28,5432 bestätigt.

Der Einfluss der positiven Wahrnehmung und Beurteilung der Markenattribute McCafés auf die positive Wahrnehmung und Beurteilung des Markennutzens durch McCafé wird ebenfalls bestätigt (H_{4b}). Eine Begründung dieses Zusammenhanges lässt sich mittels der Means-End-Theorie herleiten. Steht ein Konsument den Markenattributen McCafés positiv gegenüber, generieren diese für ihn einen subjektiven Wert aus der Marke McCafé. Dieser resultiert in einem positiv empfundenen Nutzen, den der Verbraucher durch die Markenerweiterung McCafé erfährt und mit dieser verbindet.[555] Nimmt ein Kunde beispielweise die Atmosphäre bei McCafé positiv wahr, löst diese Empfindung vermutlich ein positives Gefühl der Freude durch den Besuch bei McCafé aus und generiert somit einen emotionalen Nutzen. Der Markennutzen gilt damit gleichzeitig als Mittler zwischen den Markenattributen McCafés und dem angestrebten Zielzustand des Konsumenten.[556] Dieser stellt in der vorliegenden Arbeit die Selbstimage-Markenimage-Kongruenz des Konsumenten bezüglich der Muttermarke McDonald's aufgrund der Markenerweiterung McCafé dar, die in der Wahrnehmung McDonald's als Lifestyle-Marke resultiert.[557] Die Markenattribute McCafés zeigen daher neben dem direkten Einfluss auf die Veränderung McDonald's zur Lifestyle-Marke ebenso eine indirekte Wirkung über den Markennutzen McCafés auf das Lifestyle-Markenimage McDonald's.

Der Wirkungszusammenhang zwischen der positiven Wahrnehmung und Beurteilung der Markenpersönlichkeit McCafés und der positiven Wahrnehmung und Beurteilung des Markennutzens durch die Markenerweiterung kann ebenfalls belegt werden (H_5). Die Persönlichkeitsmerkmale McCafés können mittels den von *Aaker* identifizierten drei Wirkungsmodelle zur Markenpersönlichkeit in die unterschiedlichen Markennutzendimensionen McCafés eingeordnet werden.[558] Lediglich ein einziges positives Persönlichkeitsmerkmal der Markener-

[554] Vgl. Hieronimus (2003), S. 85.
[555] Vgl. Weers (2008), S. 44.
[556] Vgl. Müller/Gelbrich (2004), S. 316; Burmann/Stolle (2007), S. 25.
[557] Zur Herleitung dieses Zusammenhanges siehe Kapitel 2.1.5.
[558] Vgl. Aaker (1996), S. 153 ff.; Burmann/Stolle (2007), S. 50 ff. Zur Erläuterung des Wirkungszusammenhanges der Markenpersönlichkeit auf den Markennutzen über die drei Wirkungsmodelle von *Aaker* siehe auch Kapitel 3.3.2.

weiterung erzielt demnach schon einen Markennutzen für den Konsumenten. Auch wenn die Markenpersönlichkeit McCafés keine direkte Wirkung auf die Generierung des Lifestyle-Markenimages für McDonald's ausübt, sind doch in den Schätzergebnissen signifikante Indikatoren zu allen fünf Persönlichkeitsdimensionen ermittelt worden. Diese verknüpft der Konsument über die Wirkungsmodelle von *Aaker* vermutlich mit den Markennutzendimensionen McCafés. So präsentiert beispielsweise der signifikante Persönlichkeitsindikator der Zuverlässigkeit McCafés über das Relationship Basis Model vermutlich einen gewissen Grad an Vertrauen der Kunden zu McCafé. Dies lässt darauf schließen, dass McCafé einen emotionalen Mehrwert für den Konsumenten generiert. Aus diesem Grund ist es nicht verwunderlich, dass auch diese Hypothese bestätigt wird. Die Markenpersönlichkeit McCafés, die keinen direkten Einfluss auf die Veränderung des Images McDonald's ausübt, wirkt damit jedoch indirekt über den Markennutzen McCafés auf das Lifestyle-Markenimage McDonald's.

Der Zusammenhang der Stärke des Lifestyle-Images von McDonald's und der Generierung einer *Mundpropaganda* mit positivem Inhalt wurde ebenfalls als zweitstärkster Einfluss (Pfadkoeffizient 0,7210, t-Wert 18,8185) bestätigt (H_6). Die Wahrnehmung McDonald's als Lifestyle-Marke und die damit verbundene positive Mundpropaganda setzt die Übereinstimmung des Selbstimages eines Verbrauchers mit dem Markenimage McDonald's voraus.[559] Im Sinne des C/D-Paradigmas vergleicht ein Konsument seine Erfahrungen bezüglich McDonald's mit seinen Erwartungen an die Marke.[560] Die Erwartungen des Konsumenten werden in der vorliegenden Arbeit auf die Möglichkeit der Selbstimage-Markenimage-Kongruenz bezüglich McDonald's bezogen. Sind die Erfahrungen mit McDonald's konform zum Selbstkonzept des Verbrauchers, stimmt ihn diese Einigkeit zufrieden und lässt ihn den Fast Food-Konzern positiv wahrnehmen.[561] Je stärker der Konsument sein Selbstkonzept mit dem Image McDonald's verbindet, desto positiver ist der Inhalt der Mundpropaganda, die über das Unternehmen betrieben wird.[562] Es ist folglich davon auszugehen, dass ein Konsument, der McDonald's positiv beurteilt, eine Kongruenz zwischen seinem Selbstimage und dem Markenimage verspürt und daher die Marke unter anderem in die Kategorie einer Lifestyle-Marke einordnet. Die Weiterempfehlung der Marke McDonald's wird dann, wie die Ergebnisse bestätigen, als Handlungstendenz aus der Bewertung der Marke als Lifestyle-Marke angestrebt.

---

559 Vgl. Sirgy (1982), S. 294; Grannemann (2003), S. 19. Zur Herleitung dieses Zusammenhanges siehe auch Kapitel 3.4.
560 Vgl. Homburg/Stock-Homburg (2006), S. 19 f.
561 Vgl. Homburg/Stock-Homburg (2006), S. 19 f.
562 Zur Herleitung dieses Zusammenhanges siehe Kapitel 3.4.

Der Konsument gibt somit positive Informationen über die Marke bzw. über die Produkte und Leistungen McDonald's an andere weiter. Dadurch werden die Einstellungen und Erwartungen anderer Konsumenten beeinflusst, was sich wiederum auf deren Verhaltensweisen, beispielsweise bezüglich der Häufigkeit eines Besuches von McDonald's oder deren eigene Mundpropaganda, auswirkt.[563]

Die Ergebnisse der Untersuchung der Gesamtstichprobe identifizieren positive Rückwirkungen McCafés auf die Generierung eines Lifestyle-Markenimages für McDonald's. Sechs der sieben Hypothesen konnten bestätigt werden. Sowohl die Markenattribute als auch der Markennutzen McCafés üben positive Rückwirkungen auf das Muttermarkenimage McDonald's aus. Dass die Markenpersönlichkeit McCafés laut den Ergebnissen der Untersuchung das Lifestyle-Markenimage McDonald's nicht direkt beeinflusst, wurde plausibel begründet. Allerdings zeigt die Markenpersönlichkeit McCafés eine indirekte Wirkung auf die Muttermarke McDonald's über den Markennutzen McCafés. Weiterhin wurde belegt, dass die Muttermarke McDonald's selbst auch einen Einfluss auf die Veränderung ihres Images zur Lifestyle-Marke besitzt. Ferner wurde belegt, dass das Lifestyle-Markenimage McDonald's in einer positiveren Mundpropaganda bezüglich der Marke resultiert. Die Resultate der Gesamtstichprobe der Untersuchung zeigen folglich die hohe Bedeutung der Markentransferstrategie eines Unternehmens auf.

Zur Interpretation der ermittelten Ergebnisse hinsichtlich der postulierten Beziehungen des Untersuchungsmodells soll zusätzlich eine Betrachtung der von den befragten Konsumenten tatsächlich wahrgenommenen Kongruenz der Marke McDonald's sowie der Markenerweiterung McCafé zum Begriff des Lifestyles vorgenommen werden. Wie in Kapitel 4.3.2 erläutert, wurden zur Messung der Konsistenz zwischen McDonald's und dem Lifestyle-Begriff drei Indikatoren aus einer Studie von *Martin und Stewart* entnommen.[564] Die gleichen Indikatoren wurden zu einem späteren Zeitpunkt des Fragenverlaufs im Fragebogen für die Messung der Konsistenz zwischen McCafé und dem Lifestyle-Begriff verwendet. Die Intention bestand darin herauszufinden, wie die Konsumenten die beiden Marken hinsichtlich eines Lifestyle-Markenimages tatsächlich wahrnehmen und beurteilen. Die Ergebnisse zeigen, dass die befragten Konsumenten die Muttermarke McDonald's bezüglich des Lifestyle-Images auf der verwendeten siebenstufigen Likert-Skala mit einem mittleren Wert von 3,04 beurteilen. Auch

[563] Vgl. Meffert/Bruhn (2009), S. 102.
[564] Vgl. Martin/Stewart (2001), S. 476.

wenn dieser tendenziell dem Mittelfeld der siebenstufigen Skala zuzuordnen ist, liegt er dennoch im ablehnenden Bereich der Skala. Das Ergebnis verdeutlicht daher, dass McDonald's tendenziell weniger mit Lifestyle in Verbindung gebracht wird. Auf die drei Fragen zur Kongruenz zwischen McCafé und dem Begriff des Lifestyles haben die Probanden im Mittel über alle Fragen mit einem mittleren Skalenwert von 4,01 geantwortet. Sie stehen der Konsistenz McCafés mit dem Lifestyle-Begriff folglich sehr indifferent gegenüber, d.h. sie stimmen der Konsistenz im Mittel weder zu noch stimmen sie dagegen. Die Übereinstimmung McCafés mit dem Begriff des Lifestyles liegt den Ergebnissen zufolge einen Skalenpunkt höher als die Konsistenz zwischen McDonald's und dem Lifestyle-Begriff. Dieses Resultat zeigt, dass die in der Arbeit getroffene Annahme, dass McDonald's bisher noch kein Lifestyle-Markenimage inne hatte,[565] tendenziell bestätigt werden kann. Eine genaue Aussage diesbezüglich kann nicht getroffen werden, da die Befragung bereits nach Einführung der Markenerweiterung McCafé vorgenommen wurde. Da die hierauf Bezug nehmenden Fragen jedoch im Mittel mit einem auf der unteren Skalenhälfte liegenden Wert beantwortet wurden und die Rückwirkungseffekte McCafés wie zuvor beschrieben bestätigt werden können, ist davon auszugehen, dass McDonald's vor der Einführung des Coffee-Shop-Konzeptes McCafé kein bzw. lediglich ein sehr geringes Lifestyle-Markenimage zugeschrieben wurde. Da der Markenerweiterung McCafé im Vergleich zur Muttermarke McDonald's eine größere Konsistenz zum Lifestyle-Begriff zugesprochen wird, verkörpert McCafé eher ein Lifestyle-Markenimage als die Muttermarke McDonald's. Aufgrund dessen ist die Möglichkeit der Generierung eines Lifestyle-Markenimages für McDonald's durch die Rückwirkungseffekte von McCafé gegeben.

Die Basis der Wahrnehmung und Beurteilung McDonald's als Lifestyle-Marke wird in der vorliegenden Arbeit mit der Empfindung eines Konsumenten hinsichtlich der Kongruenz seines Selbstimages mit dem Markenimage McDonald's begründet.[566] Diese Kongruenz kann durch die Orientierung der Marke an den aktuellen Konsumententrends verstärkt werden.[567] Zu diesen zählen, wie bereits in Kapitel 2.1.4 beschrieben, der Convenience-Gedanke, die Gesundheits- und Wellnessorientierung der Konsumenten, der Wandel der Funktion des Konsums hin zu einer zusatznutzenstiftenden Erlebnisorientierung sowie die Identifizierungsfunktion des Konsums im Sinne des Selbstkonzeptes des Verbrauchers. Da dem Begriff des

---

[565] Siehe Kapitel 4.2.1.
[566] Zur Herleitung dieses Zusammenhanges siehe Kapitel 2.1.5.
[567] Vgl. Grannemann (2003), S. 14 f.

Lifestyles bzw. des Lifestyle-Markenimages in der Literatur erst wenig Aufmerksamkeit geschenkt wurde, ist es von großem Interesse, ob die in der Arbeit vorliegende Auffassung zum Lifestyle-Begriff ebenfalls von den Probanden der Befragung bestätigt wird. Aus diesem Grund wurde eine offene Frage in den Fragebogen integriert, mittels derer die Probanden ihr Verständnis zum „Lifestyle" beschreiben sollten. Die Frage wurde von insgesamt 158 der 221 Probanden beantwortet. Eine Auswertung der Antworten findet auf Basis der am häufigsten genannten Schlüsselwörter sowie der Begrifflichkeiten statt, die hinsichtlich der in der Arbeit vorliegenden Auffassung zum Lifestyle-Begriff stimmig sind. *Tabelle 39* zeigt die in Schlüsselkategorien eingeteilten Antworten sowie die relative Häufigkeit ihrer Nennung in absteigender Reihenfolge. Es ist anzumerken, dass bei der Auswertung der Antworten sowie ihrer Einteilung in die Schlüsselkategorien, die aufgrund der Antworten bestimmt wurden, ein höchstes Maß an Objektivität angestrebt wurde.

Die Ergebnisse zeigen eine hohe Übereinstimmung des Lifestyle-Verständnisses der Probanden mit der Auffassung von Lifestyle in der vorliegenden Arbeit. Begriffe wie Trend, Erlebnis, Gesundheit, Identifikation und Zeit wurden von den Konsumenten intuitiv genannt und nehmen dementsprechend bezüglich des Lifestyle-Verständnisses einen teilweise hohen Stellenwert ein. Im Folgenden findet eine Auswertung der offenen Frage zum Begriff des Lifestyles aus dem Fragebogen der vorliegenden Studie statt. Hierbei wird nicht nach den relativen Häufigkeiten der Nennungen vorgegangen, sondern eine kontextadäquate Abfolge gewählt.

Den mit Abstand wichtigsten Aspekt hinsichtlich des Lifestyles aus Sicht der Probanden stellt der Trend bzw. die Modernität dar. Diese Begrifflichkeiten wurden in 31,0 Prozent und somit in fast einem Drittel der Antworten genannt. Die Befragten verbinden Lifestyle demnach grundsätzlich mit einer auf Wandel ausgelegten und am Zeitgeist orientierten Haltung. Neben der Relevanz der Stabilität und Kontinuität einer Marke spiegelt diese Trendorientierung die in der vorliegenden Arbeit festgelegte Charakteristik des Lifestyles wieder.[568] Eine der Antworten der Probanden gibt sogar genau dieses Verständnis von Lifestyle wieder: „Moderne, bewusste, offene Lebensweise. Die Verbindung von Tradition (und) Moderne (…)".[569]

[568] Diese Charakterisierung des Lifestyles wurde in Kapitel 2.1.5 der vorliegenden Arbeit vorgenommen. Vgl. auch Grannemann (2003), S. 13 f.

[569] Aussage eines Probanden hinsichtlich der offenen Frage zum Lifestyle.

Schlüsselbegriffe	Häufigkeiten
• Trends/Modernität	31,0 %
• Mode/Shopping	17,1 %
• Essen/Trinken/Kaffee/Restaurant/Café	12,0 %
• Erlebnis/Lebensfreude/Spaß	11,4 %
• Gesundheit/Wellness	10,1 %
• Exklusivität/Luxus	10,1 %
• Soziale Kontakte/Freunde/Freizeit	9,5 %
• Individualität	8,2 %
• Genuss	7,0 %
• Einrichtung	5,1 %
• Identifikation	5,1 %
• Convenience/Zeit	3,8 %

Tabelle 39: Schlüsselkategorien zum Lifestyle-Begriff und relative Häufigkeiten der Nennungen[570]

Der nächste Aspekt, der von den Probanden genannt und für die Thematik der Arbeit große Relevanz besitzt, ist die Verbindung der Begriffe Essen, Trinken, Kaffee sowie Restaurant und Café mit dem Begriff des Lifestyles. Mit einer Häufigkeit von 12,0 Prozent wurden diese Begriffe in den Antworten der Probanden festgestellt. Dieses Ergebnis identifiziert nicht nur die grundsätzlich gegebene Chance für Nahrungsmittelmarken oder Marken aus der Gastronomie, ein Lifestyle-Image zu erlangen. Vielmehr zeigt es gemeinsam mit der ermittelten Trendorientierung der Konsumenten und dem Ergebnis von *Gruner+Jahr Media Sales*, das Kaffee als das „in"-Getränk der Deutschen identifiziert,[571] dass McDonald's mit der Einführung und Etablierung McCafés einen wichtigen Schritt in Richtung der Generierung des Lifestyle-Markenimages für McDonald's geschaffen hat.

Die in Kapitel 2.1.4 geschilderten derzeitigen Trends im Konsumentenverhalten, die eine große Wirkung auf die Kongruenz des Selbstkonzeptes eines Verbrauchers mit dem Markenimage McDonald's ausüben,[572] werden ebenfalls in den Antworten der Probanden aufgegriffen. Den wichtigsten Aspekt stellt hierbei der Wunsch der befragten Konsumenten nach Erlebnis, Spaß und Lebensfreude dar (11,4 %). Die Probanden verknüpfen folglich mit Lifestyle das Empfinden angenehmer, positiver Gefühle. Wird dieses Ergebnis auf das Image ei-

[570] Eigene Darstellung.
[571] Vgl. o.V. (2008).
[572] Vgl. Grannemann (2003), S. 14 f.

ner Marke übertragen, wird die Forderung der Konsumenten nach einem Zusatznutzen im Sinne der Generierung von Emotionen durch den Konsum offensichtlich.

Der zweitwichtigste Aspekt, den die Probanden hinsichtlich der in der Arbeit beschriebenen Trends mit Lifestyle in Verbindung bringen, ist die Gesundheits- und Wellnessorientierung. In 10,1 Prozent der Antworten sind die Begriffe bewusste Ernährung, Gesundheit, Fitness, Entspannung und Wohlfühlen zu finden, die der Schlüsselkategorie Gesundheit und Wellness einzuordnen sind. Dass dieser Aspekt dem Lifestyle-Verständnis der Probanden angehört, bestätigt zudem die hohe Relevanz der Produktpolitik hinsichtlich der Markenattribute McCafés. Die Schätzergebnisse des Untersuchungsmodells zeigten die hohe Bedeutung natürlicher Inhaltsstoffe in Produkten von McCafé aus Sicht der Konsumenten. Diese können insbesondere mit der bewussten Ernährung, die in Verbindung zum Lifestyle erwähnt wurde, in Beziehung gesetzt werden. Ebenso wird die Relevanz des Zusatznutzens durch die beiden genannten Begriffe Entspannung und Wohlfühlen betont. Bereits die Schätzergebnisse des Kausalmodells zeigten, dass den Probanden eine gute Atmosphäre bei McCafé wichtiger ist als die grundsätzliche Einrichtung. Dadurch wurde die Bedeutung des Zusatznutzens bereits in den Schätzergebnissen aufgezeigt und hier nochmals belegt.

Die in der Arbeit außerdem beschriebenen Trends der Forderung der Identifizierungsfunktion des Konsums sowie des Convenience-Gedanken werden ebenfalls von den Probanden hinsichtlich des Lifestyle-Verständnisses, wenn auch in geringerem Ausmaß, aufgegriffen. Der Begriff der Identifikation wurde in 5,1 Prozent der Antworten umschrieben. So beschreiben die Probanden Lifestyle als etwas, mit dem sie sich identifizieren können oder als das, was zu einem passt. Aus diesen Aussagen ist abzuleiten, dass das Selbstkonzept des Konsumenten, sowohl das wirkliche als auch das ideale, eine wichtige Rolle hinsichtlich des Lifestyle-Verständnisses einnimmt. Eine exakte Eingrenzung dieser Schlüsselkategorie sowie die Zurechnung der Antworten in diese Kategorie erweist sich jedoch als schwierig, da davon auszugehen ist, dass die Probanden die Relevanz der Identifizierung nicht unbedingt im Wort „Identifikation“ ausdrücken. Vielmehr ist es wahrscheinlich, dass die Probanden implizit nur die Aspekte in ihrer Antwort erwähnt haben, mit denen sie sich auch identifizieren können. Aufgrund des Versuchs der höchsten Objektivität ist die mit 5,1 Prozent ausgewertete Häufigkeit der Nennung sehr gering ausgefallen. Die Implizität dieses Aspektes scheint jedoch plausibel, weshalb diesem das höchste Maß an Aufmerksamkeit geschenkt werden sollte. So empfindet ein Individuum beispielsweise Lebensfreude, Spaß und Genuss durch einen Gegenstand oder einen Sachverhalt nur dann, wenn es sich mit diesem auch identifizieren kann. Die einzelnen, von den Probanden umschriebenen Aspekte sollten daher nicht isoliert betrachtet, sondern grundsätzlich in die Schlüsselkategorie der Identifikation einbezogen werden.

Der Convenience-Gedanke wird lediglich in 3,8 Prozent der Antworten der Probanden aufgegriffen. Er spiegelt sich in den Begriffen Bequemlichkeit und Zeit wieder. Die seltene Nennung der Begriffe widerspricht zwar einerseits dem in der Literatur bestätigten Convenience-Trend,[573] belegt jedoch andererseits die Ergebnisse der Studie auf Ebene des Untersuchungsmodells. Diese zeigten, dass der Convenience-Gedanke, der in der Distributions- und Prozesspolitik McCafés Ausdruck findet, keine signifikante Wichtigkeit für die positive Wahrnehmung und Beurteilung der Markenattribute McCafés ausübt. Somit besitzt der Convenience-Gedanke auch keine bzw. lediglich eine geringe Relevanz für das Image einer Lifestyle-Marke.

Zusätzlich sollte festgehalten werden, dass von den Probanden neben den bereits beschriebenen Aspekten noch weitere Begrifflichkeiten genannt wurden, die in Bezug auf das Untersuchungsobjekt McDonald's relevant erscheinen. So wurden in 9,5 Prozent der Antworten die Begriffe soziale Kontakte, Freunde oder Freizeit verwendet. Diese Aspekte können ebenfalls mit McDonald's in Verbindung gebracht werden. Zum Beispiel können durch einen gemeinsamen Restaurantbesuchs bei McCafé oder McDonald's die sozialen Kontakte zu Freunden gepflegt werden. Außerdem kann ein Restaurantbesuch ein gestaltendes Element der Freizeit darstellen. So ist zu vermuten, dass der Fast Food-Konzern versucht, die Freizeitgestaltung seiner Kunden anzusprechen, indem er ihnen täglich eine einstündige, kostenlose Internetnutzung gewährt.[574]

Die Nennung des Begriffs der Einrichtung (5,1 %) in Hinsicht auf das Verständnis der Probanden von Lifestyle ist ebenfalls für das Untersuchungsobjekt McDonald's von Bedeutung. Mit der Integration des Coffee-Shop-Konzeptes McCafé wird die Einrichtung der McDonald's Restaurants vollständig überarbeitet und modernisiert. Da die im Fragebogen befragten Konsumenten die Einrichtung als einen Aspekt des Lifestyles aufzählen und die Ergebnisse des Untersuchungsmodells ebenfalls die hohe Relevanz der Ausstattungspolitik für die Mar-

[573] Vgl. Meffert/Giloth (2002), S. 114.
[574] Vgl. McDonalds (o. J.).

kenattribute McCafés belegt haben, wird die Bedeutung der Modernisierung der McDonald's Filialen offensichtlich und gleichzeitig verstärkt.

Zusammenfassend kann gesagt werden, dass die Aspekte, die in der Arbeit die Charakteristik des Lifestyle-Verständnisses beschreiben, auch von den Befragten der vorliegenden Studie in der offenen Frage zum Begriff des Lifestyles genannt wurden. Dieses Ergebnis bestätigt die treffende Charakterisierung des Lifestyle-Begriffes in der vorliegenden Arbeit, zu der in der bisherigen Literatur erst wenig publiziert wurde. Dass die Markenerweiterung McCafé und die Muttermarke McDonald's mit einem mittleren Skalenwert von 3,04 bzw. 4,01 in der Befragung bewertet wurden, könnte darauf zurückzuführen sein, dass einige Probanden andere bzw. zusätzliche Aspekte mit Lifestyle verbinden. So wurden die Aspekte Mode und Shopping (17,1 %) oder Reisen und Urlaub ebenfalls in der offenen Frage zum Lifestyle aufgezählt. Diese haben jedoch keinerlei Bedeutung für die Gastronomie, was darauf schließen lässt, dass sowohl McDonald's als auch McCafé aus Sicht mancher Konsumenten gar nicht die Möglichkeit besitzt, eine Lifestyle-Marke zu verkörpern. Die Auswertung der offenen Frage zum Lifestyle zeigt die Subjektivität des Verständnisses dieses Begriffes. Gerade weil die Meinungen bezüglich des Lifestyles so individuell sind, bestätigen die doch teilweise häufig genannten Aussagen der Probanden noch stärker die vorgenommene Charakterisierung des Lifestyle-Begriffs in dieser Arbeit.

4.5.2 Moderierende Variablen

Der Interpretation der Ergebnisse der Gesamtstichprobe schließt sich die Analyse der Unterschiede in der Bedeutung McCafés für das Lifestyle-Markenimage McDonald's durch die moderierenden Effekte Markenvertrautheit zu McCafé, Markenstärke McDonald's und Fit zwischen McDonald's und McCafé an. Dabei wird jede Moderatorvariable zuerst auf die Unterschiede im Einfluss hinsichtlich der aufgestellten Beziehungen im Untersuchungsmodell hin analysiert und dann bezüglich ihrer Bedeutung der Rückwirkung McCafés zur Generierung des Lifestyle-Markenimages McDonald's interpretiert.

Die Auswertung der Ergebnisse bezüglich der Gruppenunterschiede aufgrund des differierenden Grades an *Markenvertrautheit* der Konsumenten zu McCafé zeigt wichtige Ergebnisse. Ist ein Konsument mit McCafé weniger vertraut, konnte der Einfluss der Markenattribute auf das Lifestyle-Markenimage McDonald's nicht bestätigt werden (H_1). Jedoch wurde die Rückwirkung des Markennutzens durch McCafé auf das Lifestyle-Markenimage McDonalds belegt (H_3). Für einen Konsumenten, dem die Markenerweiterung McCafé dagegen vertrauter ist, wurde das jeweils gegensätzliche Ergebnis festgestellt. Diese Unterschiede in den Rückwirkungen erscheinen plausibel. Ein weniger vertrauter Konsument hat aufgrund seiner geringen Erfahrung mit McCafé nur ein sehr eingeschränktes Wissen über die Markenattribute der Markenerweiterung. Er verfügt somit über kein bzw. ein lediglich sehr gering ausgeprägtes Schema bezüglich der Markenerweiterung McCafé, wodurch ein höherer kognitiver Aufwand beansprucht würde, um die Markenattribute McCafés beurteilen zu können.[575] Diese setzen sich in der vorliegenden Studie aus sieben Dimensionen zusammen, die wiederum mehrere Aspekte beinhalten. Selbst wenn der weniger vertraute Konsument intuitiv nicht alle Dimensionen in seine Bewertung der Markenattribute einbeziehen würde und aufgrund seiner geringen Erfahrung einbeziehen kann, würde dennoch ein enormer kognitiver Aufwand entstehen, der laut der Erkenntnisse bisheriger Literatur grundsätzlich versucht wird zu minimieren.[576] Der Markennutzen stellt dagegen eher eine abstrakte Größe dar. Er unterliegt mehr einer Wahrnehmung als einer Bewertung.[577] Somit ist, im Vergleich zur Beurteilung der Markenattribute McCafés, der kognitive Aufwand geringer und die weniger vertrauten Konsumenten beurteilen McCafé anhand des Markennutzens. Für den mit McCafé stärker vertrauten Verbraucher stellt die Beurteilung der Markenattribute einen geringeren kognitiven Aufwand dar als für den weniger vertrauten. Er verfügt über umfassende Schemata hinsichtlich McCafé und beurteilt die Rückwirkungen der Markenerweiterung auf das Image McDonald's anhand seiner Erfahrung mit den konkreten Attributen der Markenerweiterung und nicht anhand des empfundenen Markennutzens. Somit kann ein Unterschied sowohl im Einfluss der Markenattribute als auch des Markennutzens McCafés für die Beurteilung des Lifestyle-Markenimages McDonald's konstatiert werden, der auf die Unterschiede in der Markenvertrautheit der Konsumenten mit McCafé zurückzuführen ist.

Der aufgestellte Einfluss der Markenpersönlichkeit auf das Lifestyle-Markenimage McDonald's konnte innerhalb des Gruppenvergleiches für keine der beiden Teilstichproben bewiesen werden und wird daher nicht näher betrachtet (H_2).

Alle weiteren Hypothesen, sowohl der Einfluss der Markenattribute (H_{4a} und H_{4b}), der Markenpersönlichkeit auf den Nutzen (H_5), als auch des Images auf die Weiterempfehlung (H_6)

575 Vgl. Günther (2002), S. 19; Binsack (2003), S. 88; Weers (2008), S. 39.
576 Vgl. Cooper-Martin (1994), S. 43.
577 Vgl. Burmann/Stolle (2007), S. 25; Meffert/Burmann/Kirchgeorg (2008), S. 365.

werden in beiden Subsamples signifikant bestätigt. Jedoch ergibt sich bei Überprüfung der Schätzer auf signifikante Unterschiede keine Bestätigung auf 10 prozentigem Signifikanzniveau.

Hier lassen sich lediglich Trendaussagen rechtfertigen. Die Markenattribute (H_{4b}) weisen bei den stärker vertrauten Konsumenten einen größeren Einfluss auf den Markennutzen auf als bei den weniger vertrauten Verbrauchern. Es kann vermutet werden, dass die stärkere Vertrautheit mit der Markenerweiterung McCafé gleichzeitig mehr Erfahrung mit und ein größeres Wissen über McCafé bedeutet.[578] Aufgrund dessen wird sowohl die positive Wahrnehmung und Beurteilung der Markenattribute als auch der Markenpersönlichkeit vermutlich bei den stärker Vertrauten im Gegensatz zu den weniger Vertrauten durch eine größere Anzahl von Erfahrungswerten getrieben. Aufgrund der Adding-Regel[579] ist daraus der höhere Einfluss auf den Markennutzen McCafés zu deuten. Auch wenn der t-Wert nach *Chin* für den Einfluss der Markenattribute auf den Markennutzen keinen signifikanten Unterschied zwischen den Teilgruppen aufzeigt, sollte die differierende Stärke des Einflusses doch in die Interpretation des Gruppenvergleiches als Erkenntnisgewinn miteinbezogen werden.[580] Dieser Auffassung wird in der Arbeit auch weiterhin gefolgt.

Dem Einfluss der Stärke McDonald's als Lifestyle-Marke auf die positive Mundpropaganda kann durch die Markenvertrautheit zu McCafé ein ansatzweise vorhandener Unterschied zugesprochen werden (H_6). Es ist zu vermuten, dass der mit McCafé weniger vertraute Konsument, einen stärkeren Einfluss vorweist als stärker vertraute Verbraucher. Ein mit McCafé weniger vertrauter Konsument spricht infolgedessen positiver über McDonald's und empfiehlt McDonald's eher weiter als ein mit McCafé stärker vertrauter Konsument. Vermutlich ist dieser Unterschied damit zu begründen, dass ein Verbraucher, der mit McCafé stärker vertraut ist, das Lifestyle-Markenimage der Muttermarke McDonald's mehr dem Markentransfer McCafé zuschreibt.[581] Im Vergleich zum weniger vertrauten Konsument differenziert er aufgrund seiner größeren Erfahrung daher genauer zwischen McDonald's und der Markenerweiterung McCafé. Somit fällt der Inhalt seiner positiven Mundpropaganda über die Marke Mc-

[578] Vgl. Alba/Hutchinson (1987), S. 411; Campbell/Keller (2003), S. 293; Tam (2008), S. 4.
[579] Vgl. Priemer (1999), S. 200; Vogel/Huber (2007), S. 30. Siehe auch die Erläuterungen zur Adding-Regel in Kapitel 3.1.
[580] Vgl. Huber et al. (2005), S. 38 f.
[581] Die Kongruenz zwischen McDonald's und dem Begriff des Lifestyles wird in der vorliegenden Befragung mit einem Mittelwert von 3,04 beurteilt. Dagegen wird die Kongruenz zwischen McCafé und dem Lifestyle-Begriff mit einem Mittelwert von 4,01 bewertet. Siehe Kapitel 4.5.1.

Donald's, der er weniger Lifestyle zuschreibt als der Markenerweiterung McCafé, geringer aus.

Die Unterschiede in den Schätzern fallen für den Einfluss der Markenattribute auf die Markenpersönlichkeit (H_{4a}) sowie für die Wirkung der Markenpersönlichkeit auf den Markennutzen (H_5) sehr gering aus, so dass eine Interpretation auf Trendniveau an dieser Stelle nicht gerechtfertigt scheint.

Zusammenfassend zeigt die Markenvertrautheit zu McCafé einen moderierenden Effekt auf die Wirkungsbeziehungen der Markenattribute und des Markennutzens, auch wenn keine einheitliche Tendenz für die Rückwirkungseffekte aufgrund der Vertrautheit zu McCafé festgestellt werden kann. Die gemachte Erfahrung eines Konsumenten mit McCafé und das daraus entstandene Wissen, das in der Markenvertrautheit des Verbrauchers zur Markenerweiterung zum Ausdruck kommt, ist für die Rückwirkungseffekte des Markentransfers McCafé auf das Image der Muttermarke McDonald's demnach von Bedeutung.

Die Analyse der *Markenstärke* McDonald's als moderierende Variable generiert ebenfalls interessante Erkenntnisse. So kann, wie zuvor bei der Markenvertrautheit als Moderatorvariable, ein direkter Unterschied in der Ausprägung des positiven Einflusses der Markenattribute und des Markennutzens McCafés auf das Lifestyle-Markenimages McDonald's zwischen den beiden Teilstichproben hinsichtlich der Markenstärke identifiziert werden. Wird die Muttermarke von den Konsumenten als starke Marke bewertet, kann der aufgestellte Zusammenhang zwischen dem Markennutzen durch McCafé und dem Lifestyle-Markenimage McDonald's bestätigt werden (H_3). Die Markenattribute haben in dieser Teilgruppe jedoch keinen signifikanten Einfluss auf das Image McDonald's als Lifestyle-Marke (H_1). Für die Konsumenten, die die Markenstärke McDonald's tendenziell niedriger einschätzen, sind dagegen die Markenattribute McCafés von Bedeutung, wogegen der Markennutzen keine signifikante Relevanz für das Lifestyle-Markenimage McDonald's besitzt. Die Differenzen zwischen den beiden Gruppen können mittels des Impression Formation-Ansatzes von *Fiske und Neuberg* erklärt werden.[582] Diese Theorie teilt die Eindrucksbildung in die beiden Schritte Kategorisierung und Evaluation neuer Informationen.[583] Wird eine Information wahrgenommen, erfolgt

[582] Vgl. Fiske/Neuberg (1990), S. 1 ff. Siehe auch die Erläuterungen in Kapitel 3.1.
[583] Diese Teilung basiert auf dem Two-Mode-Modell von Fiske und Pavelchak. Vgl. Fiske/Pavelchak (1986), S. 167 ff.

unmittelbar ihre Kategorisierung in ein vorhandenes Schema (Initialkategorisierung). Zur Überprüfung der Kongruenz der Information hinsichtlich des aktivierten Schemas wird eine Kategorisierungsbestätigung mittels zusätzlicher Merkmale durchgeführt (Confirmatory Categorization). Die Bestätigung der Initial-Kategorie lässt das Schema im aktivierten Zustand verweilen und löst eine schemagesteuerte Verarbeitung der Information aus. Wird die Initial-Kategorisierung nicht bestätigt, wird der Versuch einer Rekategorisierung gestartet (Recategorization).[584] Misslingt diese ebenfalls, da kein entsprechendes Schema gefunden wird, wird eine datengesteuerte Verarbeitung durchgeführt (Piecemeal Integration). Diese sieht eine Schemaneubildung vor.[585] Dieser Ansatz postuliert, dass Konsumenten die Verarbeitung neuer Informationen mittels bereits vorhandener Schemata anstreben. Zeigt die neue Information über die Markenerweiterung keine Kongruenz zu den bestehenden Schemata der Muttermarke, werden die Informationen datenbasiert und damit nicht aufgrund der vorhandenen Schemata verarbeitet.[586] Nimmt ein Konsument die Markenstärke McDonald's tendenziell hoch war, ist dementsprechend davon auszugehen, dass der Konsument über Schemata verfügt, in die die neuen Informationen über die Markenerweiterung McCafé integriert werden. Die Verarbeitung der Informationen verläuft dementsprechend schemagesteuert, d. h. der Markennutzen besitzt im Gegensatz zu den Markenattributen eine große Wichtigkeit. Empfindet der Konsument McDonald's dagegen als eine weniger starke Marke, ist sein Involvement[587] geringer und die Schemata sind weniger stark ausgeprägt. Die neuen Informationen sind daher mit geringerer Wahrscheinlichkeit kategoriekonform und stoßen aufgrund dessen eine datengesteuerte, d.h. eine auf den Markenattributen McCafés basierte Verarbeitung an. Somit weisen die Markenattribute bei den Konsumenten eine signifikante Wirkung auf das Lifestyle-Markenimage McDonald's auf, die die Markenstärke der Muttermarke tendenziell niedrig bewerten.

Der Wirkungszusammenhang der Markenpersönlichkeit McCafés auf die Generierung eines Lifestyle-Markenimages für McDonald's wird in beiden Teilstichproben nicht bestätigt (H_2). Da die Markenpersönlichkeit der Markenerweiterung McCafé demzufolge in beiden Teilgruppen nicht als dritte direkte Determinante des Markenimages McDonald's seitens des

584 Die Rekategorisierung kann auf drei Arten erfolgen: Einordnung der Information in eine Subkategorie, Aktivierung eines anderen Schemas, direkter Vergleich der Information mit einem individuellen Exemplar. Vgl. Fiske/Neuberg (1990), S. 7.

585 Vgl. Binsack (2003), S. 90 f.

586 Vgl. Fiske/Neuberg (1990), S. 1 ff.

587 Meffert definiert das Involvement als „den Grad der „Ich-Beteiligung“ bzw. des Engagements einer Person, sich für bestimmte Sachverhalte oder Aufgaben zu interessieren und einzusetzen“. Vgl. Meffert (2008), S. 109.

Markentransfers angesehen werden kann, wird dieser Zusammenhang in der Analyse des moderierenden Effektes der Markenstärke McDonald's auch nicht weiter beachtet.

Auch in diesem Subgruppenvergleich werden alle weiteren Hypothesen in beiden Gruppen bestätigt, wobei kein signifikanter Unterschied in den Schätzern identifiziert werden kann. So sind ebenfalls lediglich Trendaussagen für größere, wenn auch nicht signifikante, Unterschiede zu vollziehen.

Der Einfluss der Markenattribute McCafés auf den Markennutzen (H_{4b}) der Markenerweiterung ist in der Teilgruppe der Konsumenten größer, welche die Markenstärke McDonald's geringer beurteilen. Diese Differenz kann wiederum mit dem Ansatz von *Fiske und Neuberg* begründet werden.[588] Ist die von einem Verbraucher empfundene Markenstärke McDonald's tendenziell gering, findet die Verarbeitung von Informationen über McCafé datengesteuert und daher auf Grundlage der Markenattribute McCafés statt. Aus diesem Grund scheint es plausibel, dass die positive Wahrnehmung und Beurteilung des Markennutzens bei der datengesteuerten Verarbeitung eine stärkere positive Wirkung auf die Wahrnehmung und Beurteilung des Markennutzens von McCafé ausübt. Bei der schemagesteuerten Verarbeitung, die bei der empfundenen höheren Markenstärke McDonald's gegeben ist, werden die Informationen über McCafé in die vorhandenen Schemata über McDonald's eingebunden. Daher wirken die Markenattribute McCafés in dieser Teilgruppe in einem geringeren Ausmaß auf die Wahrnehmung und Beurteilung des Markennutzens. Demgegenüber divergieren die Unterschiede des Einflusses auf die Markenpersönlichkeit (H_{4a}) nur sehr geringfügig.

Die Markenpersönlichkeit McCafés zeigt bei den Konsumenten, die der Muttermarke McDonald's eine höhere Markenstärke zuschreiben, einen größeren Einfluss auf den Markennutzen McCafés als bei der niedriger empfundenen Markenstärke (H_5). Es kann vermutet werden, dass ein Verbraucher, der McDonald's als starke Marke wahrnimmt, über ausreichende Schemata verfügt, die die Wirkung der Markenpersönlichkeit McCafés auf den Markennutzen der Markenerweiterung zulässt. Bei einer geringeren Markenstärke McDonald's findet wie bereits beschrieben eine datengesteuerte Informationsverarbeitung statt. Infolgedessen besitzt die Markenpersönlichkeit einen geringeren Einfluss auf den Markennutzen, da ein Umweg

[588] Vgl. Fiske/Neuberg (1990), S. 1 ff.

über die datengesteuerte Informationsverarbeitung und damit über die Markenattribute gegangen wird.

Der Zusammenhang der Stärke des Lifestyle-Markenimages McDonald's und dem Grad der positiven Mundpropaganda über die Fast Food-Marke wird in beiden Teilgruppen zwar belegt (H_6), jedoch ist dieser Unterschied marginal, so dass hier keine Trendaussage angebracht scheint.

Folglich kann festgehalten werden, dass auch die Markenstärke der Muttermarke McDonald's Unterschiede bezüglich der aufgestellten Wirkungszusammenhänge des Modells verursacht. Die ermittelten Unterschiede weisen jedoch ebenfalls keine einheitliche Richtung auf, so dass eine hohe Markenstärke McDonald's teilweise einen stärkeren Wirkungszusammenhang zwischen zwei Größen bewirkt und teilweise einen geringeren. Lediglich für die Markenpersönlichkeit McCafés wird wiederum in beiden Teilstichproben kein direkter Einfluss auf das Lifestyle-Markenimage McDonald's festgestellt. Den Ergebnissen folgend stellt die Markenerweiterung McCafé eine wichtige Einflussgröße für die Generierung des Lifestyle-Markenimages von McDonald's dar.

Als dritte moderierende Variable wird der *Fit* zwischen der Muttermarke McDonald's und dem Markentransfer McCafé analysiert. Auch aufgrund dieser Moderatorvariablen werden wiederum Unterschiede zwischen den Wirkungsbeziehungen im Untersuchungsmodell identifiziert. Zunächst ist festzustellen, dass die postulierten direkten Einflussmöglichkeiten McCafés auf das Lifestyle-Markenimage McDonald's aufgrund der Markenattribute, der Markenpersönlichkeit und dem Markennutzen bei einem wahrgenommenen geringen Markenerweiterungsfit nicht bestätigt werden. Dieses Resultat ist plausibel und gleichzeitig von großer Bedeutung. Wird der Fit zwischen McDonald's und McCafé tendenziell als inkonsistent beurteilt, verknüpfen die Verbraucher mit McDonald's andere Assoziationen als mit McCafé und sehen aufgrund dessen keine prägnante Verbindung zwischen dem Markentransfer und der Muttermarke. Daher übt auch eine positive Wahrnehmung und Beurteilung McCafés hinsichtlich jeglicher Komponenten der Markenerweiterung keine Rückwirkungen auf das Image der Muttermarke McDonald's aus.[589]

---

[589] Die Ergebnisse einiger Studien bestätigen positive Rückwirkungseffekte aufgrund eines hohen Fits. Vgl. McCarthy/Heath/Milberg (2001), S. 85; Zimmer/Bhat (2004), S. 42. Daraus kann die Annahme abgeleitet

Wird der Fit zwischen McDonald's und McCafé höher bewertet, verursacht die positive Wahrnehmung der Markenpersönlichkeit McCafés ebenfalls keine signifikanten Rückwirkungen auf das Muttermarkenimage. Da die Markenpersönlichkeit McCafés in der Gesamtstichprobe und den beiden zuvor untersuchten Moderatorvariablen keinen signifikanten Einfluss auf die Generierung des Lifestyle-Markenimages McDonald's verübt, ist es nicht verwunderlich, dass die Markenpersönlichkeit auch hier keine Wirkung zeigt (H_2).

Die Markenattribute und der Markennutzen hingegen weisen bei einem höheren Markenerweiterungsfit beide einen Einfluss auf das Image McDonald's als Lifestyle-Marke auf (H_1 und H_3).

In Bezug auf die Wahrnehmung der Markenattribute ist davon auszugehen, dass für die Wahrnehmung und Beurteilung eines Fits ein Abgleich der Attribute, die der Marke und der Erweiterung zugeschrieben werden, erfolgt. Es ist anzunehmen, dass bei Markenkonzeptkonsistenz, sofern also eine Übertragung des Markenkonzepts bzw. des Markenimages auf den Transfer vollzogen wird, das Markenkonzept weiter an Präsenz gewinnt und demnach gestärkt wird. Dies hat eine positive Rückwirkung auf die Muttermarke zufolge.[590] Wird das Augenmerk auf den Einfluss des Markennutzens gerichtet, ist wiederum der Informationsverarbeitungsansatz von *Fiske und Neuberg* heranzuziehen.[591] Ist die Markenerweiterung McCafé aus Sicht der Konsumenten konsistent zur Muttermarke McDonald's, werden die neuen Informationen hinsichtlich der Markenerweiterung über die vorhandenen Schemata zur Marke McDonald's verarbeitet. Aufgrund der schemabasierten Informationsverarbeitung, wird der Markennutzen durch McCafé, bei einem hohen Fit ebenfalls für die Generierung des Lifestyle-Markenimages berücksichtigt.[592]

Analog zu den vorangegangen Gruppenvergleichen werden auch hier die verbleibenden Hypothesen in beiden Stichproben bekräftigt, wobei kein signifikanter Unterschied in den Schätzern der Strukturparameter nachgewiesen werden kann. Eine Ausnahme bildet hier der postulierte Zusammenhang von Markenattributen und Markenpersönlichkeit (H_{4a}). Hiernach ist Einfluss der Markenattribute McCafés auf die Markenpersönlichkeit der Markenerweiterung,

werden, dass aufgrund eines geringeren Fits keine positiven Rückwirkungseffekte entstehen. Dieses Ergebnis wird durch die vorliegende Studie bestätigt.

590 Vgl. Kaufmann (2006), S. 41 f.

591 Vgl. Fiske/Neuberg (1990), S. 1 ff.

592 Vgl. Fiske/Neuberg (1990), S. 1 ff.; Binsack (2003), S. 88 ff.

bei einem von den Konsumenten höher eingeschätzten Fit, nachweislich stärker als bei einem geringeren Markenerweiterungsfit (H_{4a}). Wird die Konsistenz zwischen McDonald's und McCafé von einem Konsumenten tendenziell höher beurteilt, verbindet dieser die Markenattribute McCafés ebenfalls mit den Markenattributen von McDonald's. Somit ist eine höhere Anzahl positiver Bewertungen der Markenattribute McCafés möglich. Nach der Adding-Regel bewirkt die größere Anzahl positiver Bewertungen der Markenattribute ein besseres Gesamturteil,[593] was im vorliegenden Zusammenhang auf eine stärkere Wirkung der Markenattribute auf die Markenpersönlichkeit zu übertragen ist. Bei einem geringeren Fit verknüpft der Konsument die Markenattribute McCafés dagegen nicht mit den Markenattributen McDonald's, wodurch ein geringerer Einfluss der Markenattribute McCafés auf die Markenpersönlichkeit der Markenerweiterung vorliegt.

Mit Augenmerkt auf den Markennutzen McCafés verhält es sich ähnlich (H_{4b}). Jedoch sind an dieser Stelle aufgrund des mangelenden signifikanten Unterschieds lediglich Trendaussagen zugrunde zulegen. Wird der Fit zwischen McDonald's und McCafé tendenziell als konsistent beurteilt, verknüpft der Konsument mit der Erweiterung ähnliche Assoziationen wie mit der Muttermarke. Hiernach nimmt der Verbraucher eine prägnante Verbindung zwischen McDonald's und McCafé wahr. Als Resultat tragen die Attribute der Erweiterung stärker zum wahrgenommenen Nutzen von McCafé bei.

Der Unterschied hinsichtlich der Wirkung der Markenpersönlichkeit auf den Markennutzen McCafés (H_5) sowie des Lifestyle-Markenimages auf die Weiterempfehlung (H_6) ist als sehr gering anzusehen, so dass eine Interpretation hier keine Rechtfertigung besitzt.
Zusammenfassend veranschaulichen die Ergebnisse den exogenen Einfluss des Fits zwischen McDonald's und McCafé auf zwei der sieben aufgestellten Wirkungszusammenhänge des Untersuchungsmodells. Bezüglich der direkten Rückwirkungen der Markenattribute, der Markenpersönlichkeit und des Markennutzens McCafés auf die Generierung des Lifestyle-Markenimages für McDonald's kann festgehalten werden, dass die Markenerweiterung McCafé keine Rückwirkungseffekte aufzeigt, wenn der Fit zwischen der Muttermarke und der Markenerweiterung tendenziell als gering eingeschätzt wird. Ein geringerer Fit schwächt demzufolge die positiven Rückwirkungen der Markenerweiterung ab bzw. lässt sie nicht zu. Aufgrund dessen ist dem Markenerweiterungsfit hinsichtlich der Markentransferstrategie ei-

[593] Vgl. Priemer (1999), S. 200; Vogel/Huber (2007), S. 30. Siehe auch Kapitel 3.1.

nes Unternehmens große Beachtung zu schenken. Dieser Aspekt sowie weitere aus den Ergebnissen der Studie ableitbare Handlungsempfehlungen für Unternehmen werden im folgenden Kapitel beschrieben. Außerdem wird auf interessante und relevante zukünftige Forschungsschwerpunkte hingewiesen. Mit Fokus auf die drei Moderatoren kann konstatiert werden, dass sich ein Einfluss vornehmlich in Bezug auf die Markenattribute und den Markennutzen abzeichnet.

4.6 Implikationen für Marketingtheorie und -praxis

Aus den Ergebnissen der vorliegenden Untersuchung und der daraus resultierenden Interpretation werden im Folgenden Implikationen für Forschung und Praxis abgeleitet. Die gewonnenen Erkenntnisse werden in zukünftig relevante Forschungsschwerpunkte für die Marketingwissenschaft transferiert und dienen gleichzeitig der Ableitung hilfreicher Handlungsempfehlungen für Unternehmen. Zunächst liegt die Marketingtheorie im Fokus, bevor auf die Marketingpraxis eingegangen wird.

Der Untersuchungsgegenstand der vorliegenden Arbeit vereint zwei bisher erst wenig erforschte Gebiete der *Marketingwissenschaft*. So werden einerseits die Rückwirkungseffekte eines Markentransfers anhand einer Dienstleistungsmarke untersucht und andererseits die daraus resultierende Generierung eines Lifestyle-Markenimages im Sinne einer Aktualisierung der Muttermarken-Positionierung überprüft. Durch den Bezug der vorliegenden Studie auf diese weniger erforschten Gebiete und die gewonnen Ergebnisse lassen sich eine Vielzahl relevanter, zukünftiger Forschungsschwerpunkte entwickeln.

Die Generierung des Lifestyle-Markenimages und die damit einhergehende Erweiterung des Images der Muttermarke wurden anhand der positiven Wahrnehmung und Beurteilung der Markenattribute, der Markenpersönlichkeit und des Markennutzens des Markentransfers untersucht. Die Ergebnisse zeigen, dass sowohl die Markenattribute als auch der Markennutzen des Markentransfers Relevanz für die Rückwirkungen auf das Lifestyle-Markenimage der Muttermarke besitzen. Auffällig erwies sich die Markenpersönlichkeit des Markentransfers, die weder in der Gesamtstichprobe noch in drei Gruppenvergleichen eine signifikante Wirkung auf das Lifestyle-Markenimage der Muttermarke ausübte.[594] Dieses Resultat wurde auf die Generalisierung der Markenassoziationen aufgrund der breiteren Zielgruppenansprache

[594] Zur Einsicht der Ergebnisse siehe Kapitel 4.4.

durch McCafé und den damit einhergehenden Verlust an Prägnanz der Markenpersönlichkeit McCafés zurückgeführt.[595] Die Marketingwissenschaft sollte einerseits die Relevanz der beiden Aspekte Markenattribute und Markennutzen für die Generierung eines Lifestyle-Images bei anderen Dienstleistungsmarken untersuchen. Ebenso sollten die beiden Aspekte auch für Konsumgüter überprüft werden, wobei hier zu beachten ist, dass diesen hinsichtlich der Markenattribute lediglich die klassischen „4 Ps" des Konsumgütermarketings und nicht die „7 Ps" des Dienstleistungsmarketings zugeschrieben werden.[596] Weiterhin sollte der Markenper-sönlichkeit aufgrund der Ergebnisse besondere Aufmerksamkeit geschenkt werden. Da der Markenpersönlichkeit des Markentransfers in vorliegendem Buch keine Bedeutung hinsichtlich des Lifestyle-Markenimages der Muttermarke zuteil wurde, kommt die Frage auf, ob eine breitere Zielgruppenansprache die Prägnanz der Markenpersönlichkeit tatsächlich so stark mindert, dass die Markenpersönlichkeit des Markentransfers keinen direkten Einfluss auf das Image einer Marke als Lifestyle-Marke ausübt. Eine gezielte Analyse dieser Forschungsfrage ist daher wünschenswert.

Die Charakterisierung des Lifestyle-Images basiert in vorliegendem Buch sowohl auf der Trendorientierung der Konsumenten als auch auf deren Identifizierungsmöglichkeit aufgrund ihres Selbstkonzeptes mit der Marke.[597] Die Wissenschaft sollte sich diesem jungen Forschungsfeld der Lifestyle-Marke gezielt widmen, um neue Wertschöpfungspotentiale einer Marke aufdecken zu können. Die in der vorliegenden Arbeit identifizierten Lifestyle-Merkmale der Trendorientierung sowie der Kongruenz des Selbstimages eines Konsumenten mit dem Image einer Marke sollten daher einer detaillierten Analyse unterzogen werden. Eine Verknüpfung dieser beiden Aspekte sowie ihres getrennten und auch gemeinsamen Bezuges auf das Verständnis der Konsumenten hinsichtlich des Lifestyle-Begriffes gewinnt damit für die Marketingwissenschaft eine hohe Bedeutung.

Wichtig ist im Zusammenhang der Rückwirkungseffekte von Markentransfers auch ihre monetäre Quantifizierung.[598] Die Zielgröße im vorliegenden Untersuchungsmodell stellte das Markenimage im Sinne des Lifestyle-Markenimages der Muttermarke dar. Wird das Lifestyle-Markenimage zukünftig von der Forschung einer detaillierten Betrachtung unterzogen,

[595] Zur Herleitung dieser Interpretation siehe Kapitel 4.5.1.
[596] Vgl. Magrath (1986), S. 44 ff.
[597] Diese Charakterisierung des Lifestyles wurde in Kapitel 2.1.5 der vorliegenden Arbeit vorgenommen. Vgl. auch Grannemann (2003), S. 13 f.
[598] Vgl. auch Kaufmann (2006), S. 168.

sollte nicht nur, wie bereits beschrieben, den Determinanten des Lifestyle-Markenimages Interesse zukommen, sondern ebenso den durch das Lifestyle-Image entstehenden Auswirkungen. Stellvertretend wurde dieser Aspekt durch die positive Mundpropaganda im Untersuchungsmodell der vorliegenden Arbeit aufgenommen. Jedoch ist denkbar, neben der Weiterempfehlungsabsicht der Konsumenten, auch beispielsweise deren Kaufabsicht bezüglich eines Produktes der Lifestyle-Marke aufzugreifen. Somit würde die beabsichtige Umsatzgenerierung der Verbraucher ermittelt und die monetären Auswirkungen der Lifestyle-Marke sowie die damit einhergehende Rentabilität ihres Aufbaus untersucht werden.

Unabhängig von der Zielgröße des Lifestyle-Markenimages der Muttermarke ist für die Untersuchung der Rückwirkungseffekte durch Markentransfers die Durchführung von Langzeitstudien von besonderer Relevanz.[599] Eine detaillierte Beobachtung und Analyse der Imageveränderung der Muttermarke bedingt die Untersuchung der Muttermarke vor Einführung des Markentransfers sowie nach dessen Etablierung. Dementsprechend müssen bei solchen Langzeitstudien keine Annahmen über das Image der Muttermarke vor der Markentransfereinführung getroffen werden, wie dies in der vorliegenden Studie notwendig war. Vielmehr kann das Muttermarkenimage mittels der Langzeitstudie zu unterschiedlichen Zeitpunkten überprüft werden, wodurch konkrete Aussagen über die Rückwirkungen des Markentransfers sowie die damit einhergehende Veränderung des Muttermarkenimages möglich werden. Die empfohlenen Langzeitstudien stehen mit der abschließenden Handlungsempfehlung für die Marketingwissenschaft in Verbindung. Um die tatsächliche Imageveränderung einer Muttermarke aufgrund eines realen Markentransfers untersuchen zu können, ist die Zusammenarbeit von Marketingtheorie und -praxis von besonderer Bedeutung. Langzeitstudien über das Image einer Marke inklusive der Umpositionierung aufgrund eines realen Markentransfers setzen voraus, dass die Marketingforschung von den Unternehmen über die künftige Ausdehnung einer Marke in Kenntnis gesetzt wird. Aus diesem Grund müssen Forschung und Praxis kooperieren, um die Rückwirkungseffekte von Markentransfers auf die Veränderung des Muttermarkenimages gezielt untersuchen zu können.

Die aus der vorliegenden Studie gewonnenen Erkenntnisse liefern ebenso wichtige Anhaltspunkte für die *Marketingpraxis*. So können Empfehlungen einerseits hinsichtlich der Führung

[599] Vgl. auch Czellar (2003), S. 112.

bzw. dem Aufbau einer Lifestyle-Marke und andererseits bezüglich relevanter Aspekte der Rückwirkungseffekte bei einer Markentransferstrategie gegeben werden.

Die Positionierung bzw. Umpositionierung einer Marke zur Lifestyle-Marke bedingt zwei sich grundsätzlich ausschließende Aspekte. So muss die Marke einen gewissen Grad an Kontinuität aufweisen und damit dem Konsumenten ein Gefühl von Stabilität generieren und gleichzeitig genügend Kapazität für die situative Ausgestaltung der Marke im Sinne des zeitgemäßen Wandels aufbringen.[600] Besonders die Zeitgeist-Orientierung wurde durch die Ergebnisse der vorliegenden Studie bestätigt. Ein Unternehmen muss folglich Merkmale bzw. Aktivitäten für die Marke schaffen, die die aktuellen Konsumententrends aufgreifen. Somit besteht eine größere Möglichkeit der Verbindung des Selbstimages der Konsumenten mit dem Image der Marke. Durch diese Kongruenz ist es dem Unternehmen möglich, die betreffende Marke zur Lifestyle-Marke auszubauen.

Ein Markentransfer stellt dabei eine Möglichkeit dar, diese Trendorientierung für die Muttermarke aufzugreifen. So können vorteilhafte Markenassoziationen der Muttermarke durch den Markentransfer erhalten bzw. verstärkt oder neue Markenassoziationen für die Muttermarke eingeführt werden.[601] Die Aspekte der Zeitgeist-Orientierung der Verbraucher können besonders in den Markenattributen der Marke aufgegriffen werden. So ist es zurzeit aus Verbrauchersicht von großer Relevanz, eine besonders gesundheitsorientierte Produktpolitik hinsichtlich der Marke zu beachten, d. h. die Produkte beispielsweise auf Grundlage gesunder und natürlicher Inhaltsstoffe herzustellen. Außerdem zeigt der Erlebnischarakter des Konsums eine hohe Wichtigkeit bei den Verbrauchern. Dementsprechend sollten die Unternehmen beispielsweise durch Werbeaktivitäten versuchen, Emotionen bei den Konsumenten hervorzurufen, die einen gewissen Erlebniswert stiften. Bei Dienstleistungen ist auf ein besonderes Ambiente der räumlichen Gegebenheiten zu achten. So sollte die Ausstattung stets zeitgemäß sein und Kunden gleichzeitig eine angenehme Atmosphäre bieten. Auch die Generierung eines Nutzens durch die Marke verbindet der Konsument mit Lifestyle. Besonders der emotionale und soziale Nutzen durch die Marke sollte von den Unternehmen versucht werden anzusprechen. Die Verknüpfung der Marke mit positiven Gefühlen sowie die Fähigkeit der Verwen-

[600] Zum Verständnis des Lifestyle-Begriffes in der vorliegenden Arbeit siehe Kapitel 2.1.5. Vgl. auch Grannemann (2003), S. 14 ff.

[601] Vgl. Günther (2002), S. 126 ff.

dung der Marke zur eigenen Selbstdarstellung aufgrund ihres Markenimages verleihen der Marke den Charakter einer Lifestyle-Marke.

Das Unternehmen sollte auch trotz eines Markentransfers eine klare Positionierung auf eine spezifische Zielgruppe anstreben. Besonders die Markenpersönlichkeit verliert an Prägnanz, wie die Ergebnisse gezeigt haben, wenn die ursprüngliche Zielgruppenansprache durch einen Markentransfer ausgeweitet wird.[602] Da die Markenpersönlichkeit im identitätsbasierten Markenführungsansatz als eine von drei Determinanten des Markenimages gilt,[603] sollte demzufolge auf eine gezielte Ansprache der Konsumenten geachtet werden, damit sich eine aus Verbrauchersicht eindeutige Markenpersönlichkeit bildet, die wiederum das Markenimage in Richtung einer Lifestyle-Marke verändern kann. Die wahrgenommene Markenpersönlichkeit wirkt über den empfundenen Nutzen auf das Image als Lifestylemarke und besitzt damit Berechtigung als Determinante aufgefasst zu werden. Generell ist von Bedeutung, dass in Abhängigkeit der Zielgruppe unterschiedliche Dimensionen der Markenpersönlichkeit in den Vordergrund rückten. Es zeigt sich, dass die Kompetenzdimension in Abhängigkeit von starken Ausprägungen der wahrgenommenen Markenvertrautheit, der Markenstärke und dem Fit, von großer Relevanz ist. Demgegenüber zeigt sich, dass bei schwachen Ausprägungen in der Wahrnehmung und dem Fit die Aufrichtigkeit eine wichtige Dimension der Markenpersönlichkeit abbildet. Ferner zeigt sich, dass vorrangig zwei Dimensionen der Persönlichkeit unabhängig der Ausprägung jeweils die größten Gewichtungsanteile an der Variablen besitzen. Hiernach scheint es ratsam sich auf wenige Dimensionen zu fokussieren und diese explizit bei der Realisation zu forcieren. Welche dies im Einzelnen sind, hängt von der Branche und der jeweiligen Marke ab und sollte im Anwendungsfall spezifisch erhoben werden.

Durch die Wahrnehmung einer Marke als Lifestyle-Marke wird die Intention der Konsumenten gestärkt, positive Dinge über die Marke weiterzugeben bzw. die Marke weiterzuempfehlen. Der Inhalt der Mundpropaganda über die Marke wird folglich positiver. Diese positive Mundpropaganda beeinflusst wiederum andere Konsumenten in ihrer Produktbeurteilung und damit in ihrem Kaufverhalten.[604] Außerdem trägt sie zur Wahl des Anbieters und zur Wechselbereitschaft hinsichtlich eines Dienstleistungsanbieter bei.[605] Somit hängt das Unterneh-

602 Vgl. Roedder John/Loken/Joiner (1998), S. 19; Kaufmann (2006), S. 9.
603 Vgl. Plummer (1986), S. 29; Herrmann/Huber/Braunstein (2001), S. 111; Burmann/Stolle (2007), S. 68.
604 Vgl. Arndt (1967), S. 291 ff.; Bone (1995), S. 215 f.
605 Vgl. Meffert/Bruhn (2003), S. 125; Keaveney (1995), S. 79.

menswachstum entscheidend von der positiven Mundpropaganda über eine Marke[606] und damit vom Lifestyle-Image der entsprechenden Marke ab. Diese kann dementsprechend je nach Markenstrategie positive Spill-over-Effekte für die Unternehmensmarke generieren.

Ein Unternehmen muss bei einer Markentransferstrategie allerdings nicht nur dem Markentransfer, sondern ebenfalls der Muttermarke Beachtung schenken. Wird die Muttermarke bereits vor Einführung des Markentransfers als starke Marke wahrgenommen, besteht für sie kaum noch ein Verbesserungspotential durch einen Markentransfer.[607] Eine hohe Markenstärke der Muttermarke stellt allerdings auch gleichzeitig einen zentralen Erfolgsfaktor für die erfolgreiche Etablierung des Markentransfers am Markt dar.[608] Das Unternehmen sieht sich deswegen einer Trade-off-Entscheidung gegenüber.[609] Gemäß den Ergebnissen des vorliegenden Buches zeigt sich, dass für die Lifestyle-Imagebildung starker Marken vorrangig Markennutzen eine relevante Einflussgröße darstellen, wohingegen bei schwach wahrgenommenen Marken die Markenattribute von größerer Bedeutung sind.

Schließlich muss dem Fit zwischen der Muttermarke und dem Markentransfer von den Unternehmen besondere Relevanz zugesprochen werden. Zeigt der Markentransfer lediglich eine geringe Konsistenz zur Muttermarke, verursacht dieser keine direkten positiven Rückwirkungen im Sinne der Stärkung der Muttermarke als Lifestyle-Marke. Es ist demzufolge für die gewünschten positiven Rückwirkungseffekte entscheidend, dass ein ausreichender Fit zwischen der Muttermarke und dem Markentransfer vorliegt. Im Gegensatz zur Markenstärke zeigt sich, dass sowohl Markenattribute als auch der wahrgenommene Markennutzen von Relevanz sind, kommt es zu Generierung eines Marken-Lifestyle-Images. Hiernach kann konstatiert werden, dass diese Determinanten für die Dehnung in nahe Kategorien mit hohem Fit und für starke Marken von bedeutendem Einfluss sind oder zumindest nicht nachteilig wirken. Damit eine hohe Konsistenz zwischen Muttermarke und Markentransfer gegeben ist, müssen sich die Assoziationen des Muttermarkenimages in den Kerneigenschaften des Markentransfers wiederspiegeln. Greift der Markentransfer die relevanten Muttermarkenassoziationen auf, wird der wahrgenommene Fit erhöht und die vorteilhafte Wahrnehmung des Markentransfers wird gesteigert. Außerdem müssen die Unternehmen darauf achten, dass die neuen Assoziationen des Markentransfers zu den bestehenden Muttermarkenassoziationen

[606] Vgl. Reichheld (2003), S. 53.
[607] Vgl. Kaufmann (2006), S. 26; Völckner/Sattler/Kaufmann (2008), S. 112.
[608] Vgl. Völckner/Sattler (2006), S. 25.
[609] Vgl. Kaufmann (2006), S. 163.

passen.[610] Um gewisse Inkonsistenzen zwischen den unterschiedlichen Images der Produktbereiche der Markentransfers und der Muttermarke zu vermeiden, ist es wie aus den Ergebnissen der Studie zu deuten ist sinnvoll, den Markentransfer im Sinne einer Sub Brand oder Endorsed Brand zu gestalten. Durch diese Markenarchitekturformen werden die Assoziationen stärker mit dem jeweiligen Produktbereich verknüpft und es entsteht eine stärkere Trennung der Images der jeweiligen Produktbereiche.[611] Somit wird der Markentransfer nahezu isoliert von der Muttermarke wahrgenommen und kann dementsprechend regelrecht unabhängig vom Markenimage der Muttermarke wahrgenommen und beurteilt werden. Da jedoch die Muttermarke als Ursprung des Markentransfers bei diesen Markenarchitekturformen immer noch ersichtlich ist, sind dennoch positive Rückwirkungen möglich. Somit ist die Generierung eines Lifestyle-Markenimages für die Muttermarke vereinfacht, falls diese bisher noch kein Image als Lifestyle-Marke inne hatte. Das Ziel der Umpositionierung einer Muttermarke in Richtung einer Lifestyle-Marke mittels einer Markentransferstrategie wird somit erleichtert.

Da auch die Markenattribute als Dimensionen aufgefasst werden, lassen sich ebenfalls analog zur Markenpersönlichkeit Ansatzpunkte aus dem Gruppenvergleich identifizieren. Richtet man das Augenmerk auf die Markenattribute, wird aufgezeigt, dass diese bei starkem Vertrauen und hohem Fit von großer Relevanz für das Markenimage sind. Demnach kann konstatiert werden, dass hier besonders die Produktpolitik sowie die Ausstattungspolitk von Interesse für die Beurteilung des Transfers und somit auch der Rückwirkung auf die Muttermarke sind. Wohingegen der Distributions- und Prozesspolitik wenig bis gar keine Wichtigkeit zugesprochen wird. Wird das Augenmerkt auf die Markenstärke gerichtet, zeigt sich dass Markenattribute vorrangig bei schwachen Marken zur Imagebildung herangezogen werden. Hierbei stellen Produkt- und Ausstattungspolitik ebenfalls die wichtigsten Dimensionen bei der Urteilsbildung dar und Distributions- und Prozesspolitik spielen eine untergeordnete Rolle. Demgegenüber lässt sich konstatieren, dass bei starken Marken und auch bei hohem Fit besonders der Markennutzen in den Vordergrund gestellt werden sollte, da dieser in besonderem Maße auf die Imagewirkung einzahlt. Dabei stellen der emotionale und soziale Nutzen wichtige Dimensionen dar, die die größte Wichtigkeit für die Beurteilung durch den Verbraucher besitzen. Weiter ist zu beachten, dass bei Vorliegen geringer Vertrautheit mit der Marke, ebenfalls der Markennutzen für die Imagegenerierung von erheblicher Bedeutung ist. Hier stellen auch gerade diese beiden Dimensionen die wichtigsten Facetten des Nutzens dar. Zu-

[610] Vgl. Caspar (2002), S. 255 f.
[611] Vgl. Günther (2002), S. 139.

sammenfassend wird die Wichtigkeit des emotionalen und sozialen Nutzens, bei Vorliegen von geringer Vertrautheit oder bei einer starken Muttermarke oder auch bei Vorhandensein eines hohen Fits zwischen Mutter- und Transfermarke, deutlich.

5 Schlussbetrachtung und Ausblick

Aufbauend auf der Markentransferstrategie, widmet sich die vorliegende Arbeit der Analyse von Einflussfaktoren für die Umpositionierung bzw. Erweiterung der Positionierung einer Muttermarke aufgrund möglicher Rückwirkungseffekte eines Markentransfers. Die Zielgröße wurde hierfür durch das Markenimage der Muttermarke abgebildet. Eine Marke durch Trendfacetten, mit Fokus auf eine Lifestyle-Marke, aufzuladen, um eine Anpassung an die gesellschaftliche Entwicklung zu gewährleisten und somit evtl. auch neue Zielgruppen ansprechen zu können, stellt dabei den Fokus der Untersuchung dar. Wie die Ergebnisse zeigen, kann die positive Wahrnehmung und Beurteilung eines Markentransfers, die Generierung eines Lifestyle-Markenimages für die Muttermarke antreiben. Besonders die Markenattribute sowie der Markennutzen des Markentransfers üben einen Einfluss auf diese Imageveränderung aus. Letztlich sind Konsumenten geneigt, die Marke, bei Vorliegen eines positiven Lifestyle-Markenimage, weiterzuempfehlen. Von besonderer Relevanz zeigt sich der wahrgenommene hohe Fit zwischen der Muttermarke und dem Markentransfer. Es wird festgestellt, dass ein Markentransfer keinerlei positive Rückwirkungen auf das Image der Muttermarke als Lifestyle-Marke ausübt, sofern der Fit von den Konsumenten als tendenziell gering beurteilt wird. Aufgrund dessen muss dem Fit besondere Beachtung zuteilwerden. Unternehmen, die das Ziel verfolgen, ihre Marke zu einer Lifestyle-Marke umzupositionieren, können durch die Ausgestaltung eines Markentransfers aktuelle Trends im Konsumentenverhalten aufgreifen und ebenso vorhandene Muttermarkenassoziationen stärken bzw. neue einführen. Dies sollte immer vor dem Hintergrund geschehen, dass die angestrebten Markenassoziationen der Zielgruppe hinsichtlich ihres eigenen „Lifestyles" wichtig sind. So wird die Möglichkeit der Kongruenz zwischen dem Selbstkonzept eines Konsumenten und dem Markenimage gesteigert, was wiederum die Wahrnehmung einer Marke als Lifestyle-Marke verstärkt. Werden diese Empfehlungen in der Praxis beachtet, ist die erfolgreiche Umpositionierung einer Marke zur Lifestyle-Marke mihilfe der Markentransferstrategie erreichbar.

Da dem Phänomen des Lifestyle-Markenimages in der Marketingwissenschaft erst geringe Aufmerksamkeit zuteil wurde, der Lifestyle-Begriff in der Praxis jedoch derzeit einen regelrechten Boom erlebt, sollte dieses Forschungsfeld zukünftig ausgebaut werden. Ferner weisen Ansätze aus der Markentransferforschung nach, dass grundsäztlich Rückwirkungen eines Markentransfers auf das Markenimage der Muttermarke zu erwarten sind. Vor diesem Hintergrund bietet die Identifikation und Analyse positiver Rückwirkungen von Markentransfers, mit dem Ziel einer spezifischen Markenumpositionierung, ein erfolgversprechendes Forschungsfeld. Im Speziellen sollte kritisch hinterfragt werden, ob ein mögliches Lifestyle-Markenimage aus Konsumentensicht auf bestimmte Branchen, Marken oder Produkte beschränkt ist. Hier besteht die Gefahr, dass der gegenwärtige Lifestyle-Marken-Boom von Unternehmen, ungeachtetet der Übertragbarkeit auf die jeweilige Marke, adaptiert wird. Bei einer nicht durchdachten Repositionierung besteht die Gefahr einer möglichen Verwässerung des Markenimages. Grundsätzlich ist ratsam, dass sich ausschließlich Marken als Lifestyle-Marke positionieren sollten, die aus Sicht der Verbraucher über ausreichend Potential verfügen und sich aufgrund dieser Positionierung von der Konkurrenz klar abheben können.

Damit die Imageveränderung und die konkrete Umpositionierung einer Muttermarke aufgrund eines Markentransfers tatsächlich überprüft und bestimmt werden kann, ist die Analyse der Marke bereits vor Einführung des Markentransfers zwingend notwendig. Die Einschränkung der vorliegenden Studie, die in einer Annahme über das Muttermarkenimage vor Etablierung des Markentransfers bestand, kann auf diese Weise überwunden werden. Hiernach besteht die Möglichkeit, den Einfluss der Rückwirkungen des Markentransfers auf die tatsächliche Umpositionierung der Muttermarke zur Lifestyle-Marke zu identifizieren. Dennoch leistet die vorliegende Studie mit ihren Ergebnissen einen ersten wichtigen Beitrag zur Erforschung einer konkreten Umpositionierung durch einen Markentransfer und liefert viele Anregungen für weitere Forschung in diesem Gebiet.

Literaturverzeichnis

Aaker, D. (1990): Brand extensions: The Good, the Bad and the Ugly, in: Sloan Management Review, Vol. 31, No. 4, S. 47-56.

Aaker, D. A. (1991): Managing Brand Equity: Capitalizing on the value of a brand name, New York.

Aaker, D. A. (1996): Building Strong Brands, New York, The Free Press.

Aaker, J. L. (1997): Dimensions of Brand Personality, in: Journal of Marketing Research, Vol. 34, No. 3, S. 347-356.

Aaker, J. L. (2001): Dimensionen der Markenpersönlichkeit, in: Esch, F.-R. (Hrsg.): Moderne Markenführung: Grundlagen – Innovative Ansätze – Praktische Umsetzungen, Wiesbaden, S. 91-102.

Aaker, D. A.; Joachimsthaler, E. (2000): The Brand Relationship Spectrum: The Key To The Brand Architecture Challenge, in: California Management Review, Vol. 42, No. 4, S. 8-23.

Aaker, D. A.; Keller, K. L. (1990): Consumer Responses of Brand Extensions, in: Journal of Marketing, Vol. 54, No. 1, S. 27-41.

Alba, J. W.; Hutchinson, J. W. (1987): Dimensions of Consumer Expertise, in: Journal of Consumer Research, Vol. 13, No. 4, S. 361-366.

Albers, S.; Götz, O. (2006): Messmodelle mit Konstrukten zweiter Ordnung in der betriebswirtschaftlichen Forschung, in: Die Betriebswirtschaft, Jg. 66, H. 6, S. 669-677.

Anderson, E. W. (1998): Customer Satisfaction and Word of Mouth, in: Journal of Service Research, Vol. 1, No. 1, S. 5-17.

Anderson, N. H. (1981): Foundations of Information Integration Theory, New York (u.a.).

Andreassen, W.; Lindestad, B. (1998): Customer loyalty and complex services: The impact of corporate image on quality, customer satisfaction and loyalty for customers with varying degrees of service expertise, in: International Journal of Service Industry Management, Vol. 9, No. 1, S. 7-23.

Armbrecht, W. (2009): Wir sind keine Träumer, in: http://www.stern.de/auto/fahrberichte/interview-mit-dem-mini-chef-wir-sind-keine-traeumer-652672.html, Letzter Abruf: 21. April 2011.

Arndt, J. (1967): Role of Product-Related Conversations in the Diffusion of a New Product, in: Journal of Marketing Research, Vol. 4, No. 3, S. 291-295.

Arnold, B. (2006): Markenwert und Markenidentität komplexer Handelsleistungen: Kon-zeption und Analyse am Beispiel der Betriebsformenmarke Warenhaus, Wiesbaden.

Backhaus, K.; Erichson, B.; Plinke, W.; Weiber, R. (2003): Multivariate Analysemethoden – Eine anwendungsorientierte Einführung, Berlin (u.a.).

Baer, D. (2004): Latent Variable Structural Equation Models, Skript zum ICPSR Summer Program, University of Michigan.

Baker, W. H.; Hutchinson, J. W.; Moore, D.; Nedungadi, P. (1986): Brand familiarity and advertising: effects on the evoked set and brand preference, in: Advances in Consumer Research, Vol. 13, No, 1, S. 637-642.

Bänsch, A. (2002): Käuferverhalten, München, Wien.

Baumgarth, C. (2003): Wirkungen des Co-Branding: Erkenntnisse durch Mastertechnikpluralismus, Wiesbaden.

Berekoven, L. (1979): Die Bedeutung Wilhelm Vershofens für die Absatzwirtschaft, in: Jahrbuch der Absatz- und Verbrauchsforschung, Jg. 25, H. 1, S. 2-10.

Binsack, M. (2003): Akzeptanz neuer Produkte – Vorwissen als Determinante des Innovationserfolgs, Wiesbaden.

Böhler, H. (1979): Beachtete Produktalternativen und ihre relevanten Eigenschaften im Kaufentscheidungsprozess von Konsumenten, in: Meffert, H.; Steffenhagen, H.; Freter, H. (Hrsg.): Kosnumentenverhalten und Information, Wiesbaden, S. 261-289.

Bollen, K.; Lennox, R. (1991): Conventional Wisdom on Measurement: A Structural Equation Perspective, in: Psychological Bulletin, Vol. 110, No. 2, S. 305-314.

Bone, P. F. (1995): Word-of-Mouth Effects on Short-term and Long-term Product Judgements, in: Journal of Business Research, Vol. 32, No. 3, S. 213-223.

Boush, D. M (2001): Marken als Kategorien, in: Esch, F.-R. (Hrsg.): Moderne Markenführung: Grundlagen – Innovative Ansätze – Praktische Umsetzungen, Wiesbaden, S. 809-824.

Boush, D. M.; Loken, Barbara (1991): A Process-Tracing Study of Brand Extension Evaluation, in: Journal of Marketing Research, Vol. 28, No. 1, S. 16-28.

Brady, M. K.; Cronin, J. J. Jr. (2001): Some New Thoughts on Conceptualizing Perceived Service Quality: A Hierarchical Approach, in: Journal of Marketing, Vol. 65, No. 3, S. 34-49.

Bräutigam, S. (2004): Management von Markenarchitekturen: Ein verhaltenswissenschaftliches Modell zur Analyse und Gestaltung von Markenportfolios, Dissertation Gießen.

Bridges, S. (1990): A Schema Unification Model of Brand Extensions, in: Working Paper, Stanford University.

Bridges, S.; Keller, K. L.; Sood, S. (2000): Communication Strategies for Brand Extensions: Enhancing Perceived Fit by Establishing Explanatory Links, in: Journal of Advertising, Vol. 29, No. 4, S. 1-11.

Brudvig, S.; Raman, P. (2006): The impact of fit and goal congruency on consumers' attitude to brand extensions, in: Marketing Management Journal, Vol. 16, No. 2, S. 171-178.

Bruhn, M. (1992): Markentransfer, in: Diller, Hermann (Hrsg.): Vahlens Großes Marketinglexikon, München.

Bruhn, M. (2001): Marketing: Grundlagen für Studium und Praxis, Wiesbaden.

Bruhn, M.; Stauss, B. (2008): Dienstleistungsmarken, Wiesbaden.

Burmann, C.; Meffert, H. (2005): Theoretisches Grundkonzept der identitätsbasierten Markenführung, in: Meffert, H.; Burmann, C.; Koers, M. (Hrsg.): Markenmanagement: Grundfragen der identitätsorientierten Markenführung und praktische Umsetzung, Wiesbaden, S.37-72.

Burmann, C.; Stolle, W. (2007): Markenimage – Konzeptualisierung eines mehrdimensionalen Konstruktes, Arbeitspapier Nr. 28 des Lehrstuhls für innovatives Markenmanagement (LiM), Universität Bremen.

Burmann, C.; Blinda, L.; Nitschke, A. (2003): Konzeptionelle Grundlagen des identitätsbasierten Markenmanagements, in: Burmann, C. (Hrsg.) Arbeitspapier Nr. 1 des Lehrstuhls für innovatives Markenmanagement (LiM), Universität Bremen.

Byrne, Barbara M. (1998): Structural Equation Modeling With Lisrel, Prelis, and Simplis. Basic Concepts, Applications, and Programming, Routledge, Psychology Press

Campbell, M. C.; Keller, K. L. (2003): Brand Familiarity and Advertising Repetition Effects, in: Journal of Consumer Research, Vol. 30, No. 2, S. 292-304.

Caspar, M. (2002): Markenausdehnungsstrategien, in: Meffert, H.; Burmann, C.; Koers, M. (Hrsg.): Markenmanagement: Grundfragen der identitätsorientierten Markenführung, Wiesbaden, S. 233-259.

Caspar, M.; Metzler, P. (2002): Entscheidungsorientierte Markenführung – Aufbau und Führung starker Marken, Münster, Düsseldorf.

Cassel, C.; Hackl, P.; Westlund, A. H. (1999): Robustness of partial least-squares method for estimating latent variables quality structures, in: Journal of Applied Statistics, Vol. 26, No. 4, S. 435-446.

Chernatony, L. de; McDonald, M. (1992): Creating Powerful Brands, Oxford.

Chernatony, L. de; McDonald, M. (2005): Creating powerful brands, Oxford.

Chin, W. W. (2000): Frequently Asked Questions – Partial Least Squares and PLS-Graph, http://disc-nt.cba.uh.edu/chin/plsfaq/plsfaq.htm.

Churchill, G. A.; Surprenant, C. (1982): An Investigation Into the Determinants of Customer Satisfaction, in: Journal of Marketing Research, Vol. 19, No. 4, S. 491-504.

Cooper-Martin, E. (1994): Measures of Cognitive Effort, in: Marketing Letters, Vol. 5, No. 1, S. 43-56.

Czellar, S. (2003): Consumer attitude toward brand extensions: an integrative model and research propositions, in: Journal of Research in Marketing, Vol. 20, No. 1, S. 97-115.

Dichter, E. (1966): How Word-of-Mouth Advertising Works, in: Harvard Business Review, Vol. 44, No. 6, S. 147-157.

Diller, H. (1992): Nutzen, in: Diller, Herrmann (Hrsg.): Vahlens großes Marketinglexikon, München.

Esch, F.-R.(2004): Strategie und Technik der Markenführung, München.

Esch, F.-R.; Bräutigam, S. (2001): Analyse und Gestaltung komplexer Markenarchitekturen, in: Esch, F.-R. (Hrsg.): Moderne Markenführung: Grundlagen – Innovative Ansätze – Praktische Umsetzungen, Wiesbaden, S. 711-732.

Esch, F.-R.; Bräutigam, S. (2006): Corporate- und Product Brands in die Markenarchitektur integrieren, in: Esch, F.-R.; Tomczak, T.; Kernstock, J.; Langner, T. (Hrsg.): Corporate Brand Management: Marken als Anker strategischer Führung von Unternehmen, Wiesbaden, S. 129-148.

Esch, F.-R.; Fuchs, M.; Bräutigam, S. (2000): Konzeption und Unsetzung von Markenerweiterungen, in: Esch, F.-R. (Hrsg.): Moderne Markenführung: Grundlagen – Innovative Ansätze – Praktische Umsetzungen, Wiesbaden, S. 669-704.

Esch, F.-R.; Langner, T.; Rempel, E. (2005): Ansätze zur Erfassung und Entwicklung der Markenidentität, in: Esch, F.-R. (Hrsg.): Moderne Markenführung: Grundlagen – Innovative Ansätze – Praktische Umsetzungen, Wiesbaden, S. 103-129.

Farquhar, P. H.; Herr, P; Fazio, R. H. (1989): Extending Brand Equity to New Product Categories, in: Working Paper, Center for Product Research, Carnegie Mellon University.

Farsky, M. (2007): Methoden zur Messung des Markenimages: State of the Art; in: Research Papers on Marketing and Retailing, Nr. 38, Universität Hamburg.

Fiske, S. T.; Neuberg, S. L. (1990): A Continuum of Impression Formation, from Category-Based to Individuating Processes: Influences of Information and Motivation on Attention and Interpretation, in: Advances of Experimental Social Psychology, Vol. 23, S. 1-74.

Fiske, S. T.; Pavelchak, M. A. (1986): Category-Based versus Piecemeal-Based Affective Responses – Developments in Schema-Triggered Affect, in: Sorrentino, Richard M.; Higgins, E. Tory (Hrsg.): Handbook of Motivation and Cognition – Foundations of Social Behavior, New York, S. 167-203.

Fiske, S. T.; Taylor, S. E. (1991): Social Cognition, Second Edition, New York.

Fornell, C.; Bookstein, F. L. (1982): Two Structural Equation Models: LISREL and PLS Applied to Consumer Exit-Voice Theory, in: Journal of Marketing Research, Vol. 19, No. 4, S. 440-452.

Gefen, D.; Straub, D. W.; Boudreau, M.-C. (2000): Structural Equation Modeling and Regression: Guidelines for Research Practise, in: Communications of the Association for Information Systems, Vol. 4, Article 7, S. 1-79.

Gilmore, G. W. (1919): Animism: or, Thought Currents of Primitive Peoples, Boston.

Götz, O.; Liehr-Gobbers, K. (2004): Analyse von Strukturgleichungsmodellen mit Hilfe der Partial-Least-Squares (PLS)-Methode, in: Die Betriebswirtschaft, Jg. 64, H. 6, S. 714-738.

Grannemann, R. (2003): Lifestyle-Marken, in: Michael, B. M.: aus der Reihe Brand Building in Special Markets, Werkbuch M wie Marke, Stuttgart.

Günther, S. (2002): Wahrnehmung und Beurteilung von Markentransfers: Erfolgsfaktoren für Transferprodukte und Markenimage, Wiesbaden.

Hahn, C. C. (2002): Segmentspezifische Kundenzufriedenheitsanalyse – Finite Mixture Least Squares- und Hierarchische Bayes-Ansätze zur Berücksichtigung der unbeobachtbaren Heterogenität in Kundenzufriedenheitsurteilen, Wiesbaden.

Hätty, H. (1989): Der Markentransfer, Heidelberg.

He, H.; Mukherjee, A. (2007): I am, ergo I shop: does store image congruity explain shopping behaviour of Chinese consumers?, in: Journal of Marketing Management, Vol. 23, No. 5-6, S. 443-460.

Heigert, H. (2008): Kaffee gehört zum Lifestyle, in: Allgemeine Hotel- und Gastrononmie-Zeitung, 12, S. 13.

Helson, H. (1964): Adaption Level Theory, New York.

Herrmann, A.; Huber, F. (2009): Produktmanagement: Grundlagen, Methoden, Beispiele, Wiesbaden.

Herrmann, A.; Huber, F.; Braunstein, C. (2001): Gestaltung der Markenpersönlichkeit mittels der "means-end"-Theorie, in: Esch, F.-R. (Hrsg.): Moderne Markenführung: Grundlagen – Innovative Ansätze – Praktische Umsetzungen, Wiesbaden, S. 103-133.

Hieronmius, F. (2003): Persönlichkeitsorientiertes Markenmanagement: Eine empirische Untersuchung zur Messung, Wahrnehmung und Wirkung der Markenpersönlichkeit, Frankfurt am Main.

Holbrook, M. B.; Hirschman, E. C. (1982): The Experiential Aspects of Consumption, in: Journal of Consumer Research, Vol. 9, No. 2, S. 132-140.

Holt, D. B. (1995): How Conumers Consume: A Typology of Consumption Practices, in: Journal of Consumer Research, Vol. 22, No. 1, S. 1-16.

Holt, D. B. (1997): Poststructuralist Lifestyle Analysis: Conceptualizing the Social Patterning of Consumption in Postmodernity, in: Journal of Consumer Research, Vol. 23, No. 4, S. 326-350.

Homburg, C.; Krohmer, H. (2003): Marketingmanagement: Strategie – Instrumente – Umsetzung – Unternehmensführung, Wiesbaden.

Homburg, C.; Stock-Homburg, R. (2006): Theoretische Perspektiven zur Kundenzufriedenheit, in: Homburg, C. (Hrsg.): Kundenzufriedenheit: Konzepte – Methoden – Erfahrungen, Wiesbaden, S. 17-51.

Homer, P. M. (2006): Relationships among ad-induced affect, beliefs, and attitudes: another look, in: Journal of Advertising, Vol. 35, No. 1, S. 35-51.

Huber, F., Meyer, F. (2008): Der Fußballstar als Marke: Determinanten der Markenbildung am Beispiel von Lukas Podolski, Wiesbaden.

Huber, F.; Herrmann, A. , Peter, S. (2003): Ein Ansatz zur Steuerung der Markenstärke: Grundidee, Methodik und Implikationen, in: Zeitschrift für Betriebswirtschaft, Jg. 73, H. 4, S. 345-370.

Huber, F.; Regier, S.; Wilhelmi, S. (2005): Erfolgreich loyale Kunden managen: Bestimmungsfaktoren der Markenloyalität im Sportartikelsektor – Eine kausalanalytische Studie, Wissenschaftliches Arbeitspapier F 8 des Center of Market-Oriented Product and Production Management, Universität Mainz.

Huber, F.; Vollhardt, K.; Siegel, A. (2005): Das Weiterempfehlungsverhalten von Kunden verstehen – Eine empirische Untersuchung am Beispiel des Zeitungsmarktes, Wissenschaftliches Arbeitspapier F 3 des Center of Market-Oriented Product and Production Management, Universität Mainz.

Huber, F.; Herrmann, A. ; Kressmann, F.; Vollhardt, K. (2005): Zur Eignung von kovarianz- und varianzbasierten Verfahren zur Schätzung komplexer Strukturgleichungsmodelle, Wissenschaftliches Arbeitspapier F 1 des Center of Market-Oriented Product and Production Management, Universität Mainz.

Huber, F.; Vollhardt, K.; Meyer, F.; Schulz, T. E. (2007a): Gemeinsam sind wir stark – Wahrnehmung und Beurteilung von Vertical Co-Extensions – Eine empirische Studie unter Berücksichtigung von Corporate- und Company-Brands, Wissenschaftliches Arbeitspapier F 19 des Center of Market-Oriented Product and Production Management, Universität Mainz.

Huber, F.; Herrmann, A.; Meyer, F.; Vogel, J.; Vollhardt, K. (2007b): Kausalmodellierung mit Partial Least Squares – eine anwendungsorientierte Einführung, Wiesbaden.

Hulland, J. (1999): Use of Partial Least Squares (PLS) in Strategic Management Research: A Review of Four Recent Studies, in: Strategic Management Journal, Vol. 20, No. 2, S. 195-204.

Hung, K. (2001): Framing Meaning Perceptions with Music: The Case of Teaser Ads, in: Journal of Advertising, Volume 30, No. 3, S. 39-49.

Jarvis, C. B.; MacKenzie, Scott B.; Podsakoff, Philip M. (2003): A Critical Review of Construct Indicators and Measurement Model Misspecification in Marketing and Consumer Research, in: Journal of Consumer Research, Vol. 30, No. 2, S. 199-218.

Kalyanaram, G.; Winer, R. S. (1995): Empirical Generalizations from Reference Price Research, in: Marketing Science, Vol. 14, No. 3, S. 161-169.

Kardes, F. R.; Allen, C. T. (1991): Perceived Variability and Inferences about Brand Extensions, in: Advances in Consumer Research, Vol. 18, No. 1, S. 392-398.

Kaufmann, G. (2006): Rückwirkungen von Markentransfers auf die Muttermarke: Messmethoden und empirische Befunde, Wiesbaden.

Kaufmann, G.; Kurt, K. (2005): Rückwirkungen von Markentransfers auf die Muttermarke: Eine empirische Auswertung von Fallbeispielen, in: Research Papers on Marketing and Retailing, Nr. 22, Universität Hamburg.

Keaveney, S. M. (1995): Customer switching behavior in service industries: An exploratory study, in: Journal of Marketing, Vol. 59, No. 2, S. 71-82.

Keller, K. L. (1993): Conceptualizing, Measuring, and Managing Customer-Based Brand Equity, in: Journal of Marketing, Vol. 57, No. 1, S. 1-22.

Keller, K. L. (2003): Strategic Brand Management: Building, Measuring and Managing Brand Equity, Second Edition, New Jersey.

Keller, K. L. (2008): Strategic Brand Management: Building, Measuring and Managing Brand Equity, Third Edition, New Jersey.

Kim, C. K.; Lavack, A. M. (1996): Vertical brand extensions: current research and managerial implications, in: Journal of Product & Brand Management, Vol. 5, No. 6, S. 24-37.

Kim, C. K.; Lavack, A. M.: Smith, M. (2001): Consumer evaluation of vertical brand extensions and core brands, in: Journal of Business Research, Vol. 52, No. 3, S. 211-222.

Kirmani, A.; Sood, S.; Bridges, S. (1999): The Ownership Effect in Consumer Responses to Brand Line Stretches, in: Journal of Marketing, Vol. 63, No. 1, S. 88-101.

Kockelke, K. (2008): Der Einfluss der Bordleistungen auf die Kundenzufriedenheit bei Flugreisen unter besonderer Berücksichtigung des Flugbegleiters, Dissertation, Mannheim.

Kotler, P., Bliemel, F. (1999): Marketing-Management, Stuttgart.

Krafft, M., Götz, O.; Liehr-Gobbers, K. (2005): Die Validierung von Strukturgleichungsmodellen mit Hilfe der Partial-Least-Squares (PLS)-Ansatzes, in: Bliemel, F., Eggert, A.; Fassot, G.; Henseler, J. (Hrsg.), Handbuch PLS-Pfadmodellierung, Stuttgart, S. 71–86.

Kroeber-Riel, W.; Weinberg, P. (2003): Konsumentenverhalten, München.

Küsell, F. (2006): Praxishandbuch Unternehmensgründung: Unternehmen erfolgreich gründen und managen, Wiesbaden.

Lancaster, K. J. (1966): A new approach to consumer theory, in: Journal of Political Economy, Vol. 74, No. 2, S. 132-157.

Landgraf, R.; Huber, F.; Bartl, R. (2006): Patinenten als Partner – Möglichkeiten und Einflussfaktoren der Patientenintegration im Gesundheitswesen, Wiesbaden.

Langner, T. (2003): Integriertes Branding: Baupläne zur Gestaltung erfolgreicher Marken, Wiesbaden.

Lehm C. (2008): Apple ohne seinen Meister, in: ://www.stern.de/computer-technik/computer/:Szenario-Apple-Meister/626806.html?p=2&postid=2, Letzter Abruf: 21. April 2011.

Leong, S. M.; Ang, S. H.; Liau, J. (1997): Dominance and dilution: the effects of extending master brands, in: Journal of Consumer Marketing, Vol. 14, No. 5, S. 380-390.

Levy, L. H. (1956): The meaning and generality of perceived actual-ideal discrepancies, in: Journal of Consulting Psychology, Vol. 20, S. 396-398

Loken, B.; Roedder John, D. (1993): Diluting Brand Beliefs: When Do Brand Extensions Have a Negative Impact?, in: Journal of Marketing, Vol. 57, No. 3, S. 71-84.

Lüppens, M. (2006): Der Markendiamant: Marken richtig vermarkten, Wiesbaden.

Mäder, R. (2005): Messung und Steuerung von Markenpersönlichkeit: Entwicklung eines Messinstruments und Anwendung in der Werbung mit prominenten Testimonials, Wiesbaden.

Magrath, A. J. (1986): When Marketing Services, 4 Ps Are Not Enough, in: Business Horizons, Vol. 29, No. 3, S. 44-50.

Martin, I. M.; Stewart, D. W. (2001): The Differential Impact of Goal Congruency on Attitudes, Intentions, and the Transfer of Brand Equity, in: Journal of Marketing Research, Vol. 38, No. 4, S. 471-484.

Martínez, E.; Pina, J. M. (2003): The negative impact of brand extensions on parent brand image, in: Journal of Product & Brand Management, Vol. 12, No. 7, S. 432-448.

Martínez E.; Pina Pérez, J. M. (2009): Modeling the brand extensions' influence on brand image, in: Journal of Business Research, Vol. 62, No. 1, S. 50-60.

Martínez, E.; Polo, Y.; Chernatony, L. de (2008): Effect of brand extension strategies on brand image: A comparative study of the UK and Spanish markets, in: International Marketing Review, Vol. 25, No. 1, S. 107-137.

McCarthy, M. S.; Heath, T. B.; Milberg, S. J. (2001): New Brands Versus Brand Extensions, Attitudes Versus Choice: Experimental Evidence for Theory and Practice, in: Marketing Letters, Vol. 12, No. 1, S. 75-90.

McDonalds (o.J.a): http://www.mcdonalds.de, Letzter Abruf: 21. April 2011.

McDonalds (o.J.b): Kinderleicht: Der richtige Mix macht's, in: http://www.mcdonalds.de/ernaehrung/taegliche_balance.html, Letzter Abruf: 21. April 2011.

McDonalds (o.J.c): McCafe Produkte, in: http://www.mcdonalds.de/mccafe/mccafe _produkte.html, Letzter Abruf: 21. April 2011.

McDonalds (o.J.d): Die W-LAN-Lounge: in: http://www.mcdonalds.de/unternehmen/ restaurants/wlan.html, Letzter Abruf: 20. September 2010.

McDonalds (o.J.e): Produkte, in: . http://www.mcdonalds.de/produkte/produktfinder. html#/burger_mcnuggets, Letzter Abruf: 21. April 2011.

McDonalds (2008): Jahresbericht 2008, in: http://www.mcdonalds.de/unternehmen/jahresbericht.html, Letzter Abruf: 20. September 2011.

McDonalds (2010): McDonald's in Zahlen und Fakten, in: http://www.mcdonalds.de/ unternehmen/ueber_mcdonalds/zahlen_und_fakten.html, Letzter Abruf: 21. April 2011.

Meffert, H. (1998): Herausforderungen an die Betriebswirtschaftslehre – Die Perspektive der Wissenschaft, in: Die Betriebswirtschaft, Jg. 58, H. 6, S. 709-730.

Meffert, H. (1999): Strategien zur Profilierung von Marken, in: Meffert, H. (Hrsg.): Marktorientierte Unternehmensführung im Wandel – Retrospektive und Perspektiven des Marketings, Wiesbaden, S. 287-309.

Meffert, H. (2000): Marketing: Grundlagen marktorientierter Unternehmensführung: Konzepte – Instrumenten – Praxisbeispiele, Wiesbaden.

Meffert, H. (2002): Strategische Optionen der Markenführung, in: Meffert, H.; Burmann, C.; Koers, M. (Hrsg.): Markenmanagement: Grundfragen der identitätsorientierten Markenführung, Wiesbaden, S.135-165.

Meffert, H.; Bruhn, M. (2003): Dienstleistungsmarketing: Grundlagen – Konzepte – Methoden, Wiesbaden.

Meffert, H.; Bruhn, M. (2009): Dienstleistungsmarketing: Grundlagen – Konzepte – Methoden, Wiesbaden.

Meffert, H.; Burmann C. (2002): Theoretisches Grundkonzept der identitätsorientierten Markenführung, in: Meffert, H.; Burmann, C.; Koers, M. (Hrsg.): Markenmanagement: Grundfragen der identitätsorientierten Markenführung, Wiesbaden, S. 35-72.

Meffert, H.; Giloth, M. (2002): Aktuelle markt- und unternehmensbezogene Herausforderungen an die Markenführung, in: Meffert, H.; Burmann, C.; Koers, M. (Hrsg.): Markenmanagement: Grundfragen der identitätsorientierten Markenführung, Wiesbaden, S. 99-132.

Meffert, H.; Heinemann, G. (1999): Operationalisierung des Imagetransfers: Begrenzung des Transferrisikos durch Ähnlichkeitsmessungen, in: Marketing ZFP, Jg. 12, H. 1, 1990, S. 5-10.

Meffert, H.; Bierwirth, A.; Burmann, C. (2002): Gestaltung der Markenarchitektur als markenstrategische Basisentscheidung, in: Meffert, H.; Burmann, C.; Koers, M. (Hrsg.): Markenmanagement: Grundfragen der identitätsorientierten Markenführung, Wiesbaden, S. 135-165.

Meffert, H.; Burmann, C.; Kirchgeorg, M. (2008): Marketing: Grundlagen marktorientierter Unternehmensführung: Konzepte – Instrumente – Praxisbeispiele, Wiesbaden.

Metzler, P. (2005): Nutzenorientierte Markenführung: Die Modellierung des Wirkungsbeitrages einzelner Markenassoziationen auf das Konsumentenverhalten – Allgemeines Modell und Messansatz, Münster.

Milberg, S. J.; Park, C. W.; McCarty, M. S. (1997): Managing Negative Feedback Effects Associated With Brand Extensions: The Impact of Alternative Branding Strategies, in: Journal of Consumer Psychology, Vol. 6, No. 2, S. 119-140.

Moser, H. (1963): Zur Gliederung des Nutzens bei Vershofen, in: Jahrbuch der Absatz- und Verbrauchsforschung, Jg. 9, H. 3, S. 214-235.

Müller, S.; Gelbrich, K. (2004): Interkulturelles Marketing, München.

Myers-Levy. J.; Tybout, A. M. (1989): Schema Congruity as a Basis for Product Evaluation, in: Journal of Consumer Research, Vol. 16, S. 39-54.

Nieschlag, R.; Dichtl, E.; Hörschgen, H. (1997): Marketing, Berlin.

Nieschlag, R.; Dichtl, E.; Hörschgen, H. (2002): Marketing, Berlin.

Nießing, D. (2007): Kunden-werben-Kunden-Kampagnen: Eine empirische Analyse von Sender-Empfänger-Dyaden zur Gestaltung des Weiterempfehlungsmanagement, Wiesbaden.

Nitschke, A. (2006): Der Event-Marken-Fit als Determinante der Wirkung von Marken-Kommunikation – Eine dynamische Längsschnittanalyse des Sponsorings am Beispiel der FIFA-WM 2006, Wiesbaden.

o. V. (2004): Neues Konzept von Mc Donalds: McCafe, in: http://alt.kochmesser.de/archiv/04-0910/041013_konzept_von_mcdonalds.html?sid=1410, Letzter Abruf: 20. September 2010.

o. V. (2008): http://www.gujmedia.de/content/20/79/207977/BB_42_08.pdf, Letzter Abruf: 21. April 2011.

o. V. (2011): http://presse.dpma.de/presseservice/datenzahlenfakten/statistiken/marke/index.html, Letzter Abruf am 21. April 2011.

Park, C. W.; Jaworsky, B. J.; MacInnis, D. J. (1986): Strategic Brand Concept-Image Management, in: Journal of Marketing, Vol. 50, No. 4, S. 135-145.

Park, C. W.; McCarthy, M. S.; Milberg, S. J. (1993): The Effect of Direct and Associative Brand Extensions Strategies on Consumer Response to Brand Extensions, in: Advances in Consumer Research, Vol. 20, No. 1, S. 28-33.

Park, C. W.; Milberg, S.; Lawson, R. (1991): Evaluation of Brand Extensions: The Role of Product Feature Similarity and Brand Concept Consistency, in: Journal of Consumer Research, Vol, 18, No. 2, S. 185-193.

Pauh, I.; Sunternnond, V. (2006): Dimensions of consumer knowledge and its impact of country of origin effects among Australian consumers: a case of fast-consuming product, in: Journal of Consumer Marketing, Vol. 23, No. 1, S. 34-42.

Peters, R.-H. (2007): Vom Schuhtüftler zur Weltmarke, in: http://www.stern.de/wirtschaft/unternehmen/unternehmen/:Die-Puma-Story-Vom-Schuht%FCftler-Weltmarke/596793.html, Letzter Abruf: 21. April 2011.

Pitta, D. A.; Katsanis, L. P. (1995): Understanding brand equity for successful brand extension, in: Journal of Consumer Marketing, Vol. 12, No. 4, S. 51–64.

Plummer, J. T. (1984/1985): How Personality makes a difference, in: Journal of Advertising Research, Vol. 24, No. 6, S. 27-31.

Price, L. L.; Arnould, E. J. (1999): Commercial Friendships: Service Provider-Client Relationships in Context, in: Journal of Marketing, Vol. 63, No. 4, S. 38-56.

Priemer, V. (1991): Bundling im Marketing: Potentiale – Strategien – Kaufverhalten, Frankfurt am Main (u.a.).

Ratchford, B. T. (2001): The Economies of Consumer Knowledge, in: Journal of Consumer Research, Vol. 27, No. 4, S. 397-411.

Reichheld, F. F. (2003): The one number you need to grow, in: Harvard Business Review, Vol. 81, No. 12, S. 46-54.

Reiter, G. (1991): Strategien des Imagetransfers, in: Jahrbuch der Absatz- und Verbrauchsforschung, Jg. 37, H. 3, S. 210-222.

Reynolds; T. J.; Gutman, J. (1988): Laddering Theory, Method, Analysis, and Interpretation, in Journal of Advertising Research, Vol. 28, Iss. 2, S. 43-55.

Riegler, U. (o.J.): Pressemappe McCafé – eine Idee von McDonald's erobert Österreich, in: http://ebookbrowse.com/pressemappe-100-mccafe-doc-d120559634, Letzter Abruf: 20. September 2010.

Riemenschneider, M. (2006): Der Wert von Produktvielfalt – Wirkungen großer Sortimente auf das Verhalten von Konsumenten, Wiesbaden.

Riesenbeck, H.; Perrey, J. (2007): Power Brands: Measuring, making, managing brand success, Weinheim.

Roedder-John, D.; Loken, B, and Joiner, C. (1998): The negative Impact of Extensions: Can Flagship Products Be Diluted?, in: Journal of Marketing, Vol. 62, No. 1, S. 19-32.

Romeo, J. B. (1991): The Effect of Negative Information on the Evaluation of Brand Extensions and the Family Brand, in: Advances in Consumer Research, Vol. 18, No. 1, S. 399-406.

Rosch, E. (1978): Principles of Categorization, in: Cognition and Categorization, Rosch, E; Loyd, B. B. (Hrsg.), Hillsdale, NJ.

Rosenberg, M. (1979): Conceiving the Self, New York.

Sander, Björn, Katrin Friedrichs, Sven Hunfeld (2009): Markenaustauschbarkeit – Die Brand Parity Studie 2009, in: http://www.batten-company.com/uploads/media/ BBDO_ Insights_11_Markenaustauschbarkeit_-_Die_Brand_Parity_Studie_2009.pdf, Letzter Abruf: 21. April 2011.

Sattler, H. (2001): Markenpolitik, Stuttgart, Berlin, Köln.

Sattler, H.; Völckner, S. (2007): Markenpolitik, Stuttgart.

Sattler, H.; Völckner, F. (2006): Markentransfer: Der Stand der Forschung, in: Strebinger, A.; Mayerhofer, Wolfgang; Kurz, Helmut (Hrsg.): Werbe- und Markenfoschung: Meilensteine – State of the Art – Perspektiven, Wiesbaden, S. 51-75.

Scheuch, F. (2002): Dienstleistungsmarketing, München.

Schilling, A.; Volkenand, H.-J. (2005): Food-Trends 2005. Basisdaten für Kommunikationsstrategien, in: http://www.burda-advertising-center.com/kategorien/ bac_foodre port2005_downloadversion_13.12.05.pdf, Letzter Abruf: 21. April 2011.

Schweiger, G. (1982): Imagetransfer: Mehrfache Nutzung der Werbewirkung, in: Markenartikel, H. 10, S. 463-466.

Seehusen, H. (2005): Kaffee, ein Genuss, München.

Sharma, S.; Durand, R. M.; Gur-Arie, O. (1981): Identification and Analysis of Moderator Variables, in: Journal of Marketing Research, Vol. 18, No. 3, S. 291-300.

Sheinin, D. A. (2000): The Effects of Experience with Brand Extensions on Parent Brand Knowledge, in: Journal of Business Research, Vol. 49, No. 1, S. 47-55.

Sheth, J. N.; Newmann, B. I.; Gross, B. L. (1991): Consumption values and market choices: Theory and applications, Cincinnati.

Siems, F. (2003): Preiswahrnehmung von Dienstleistungen – Konzeptualisierung und Integration in das Relationship Marketing, Wiesbaden.

Simon, H.; Fassnacht, M. (2009): Preismanagement, Wiesbaden.

Simonin, B. L.; Ruth, J. A. (1998): Is a Company Known by the Company It Keeps? Assessing the Spillover Effects of Brand Alliances on Consumer Brand Attitudes, in: Journal of Marketing, Vol. 35, No. 1, S. 30-42.

Sirgy, M. J. (1982): Self-Consept in Consumer Behaviour: A Critical Review, in: Journal of Consumer Research, Vol. 9, No. 3, S. 287-300.

Sirgy, M. J. (1986): Self-Congruity: Toward a Theory of Personality and Cybernetics, New York.

Solomon, M. R.; Bamossy, G.; Askegaard, S. (1999): Consumer Behaviour: a European perspective, New York.

Sujan. M.; Bettman, J. R. (1989): The Effects of Brand Positioning Strategies on Consumers' Brand and Category Perceptions: Some Insights from Schema Research, in: Journal of 'Marketing Research, Vol. 26, S. 454-67.

Swan, J. E.; Oliver, R. L. (1989): Postpurchase Communications by Consumers, in: Journal of Retailing, Vol. 65, No. 4, S. 516-533.

Sweeny, J. C.; Soutar, G. N. (2001): Consumer perceived value: The development of a multiple item scale, in: Journal of Retailing, Vol. 77, No. 2, S. 203-220.

Tam, J. L. M. (2008): Brand familiarity: its effects on satisfaction evaluations, in: Journal of Services Marketing, Vol. 22, No. 1, S. 3-12.

van Someren, T. (2005):Strategische Innovationen: so machen Sie Ihr Unternehmen einzigartig, Wiesbaden.

Vermeir, I.; Verbeke, W. (2006): Sustainable Food Consumption: Exploring the Consumer "Attitude – Behavioral Intention" Gap, in: Journal of Agricultural and Environmental Ethics, Vol. 19, No. 2, S. 169-194.

Vershofen, W. (1959): Die Marktentnahme als Kernstück der Wirtschaftsforschung, Berlin, Köln.

Vogel, J.; Huber, F. (2007): Co-Branding: Markenstrategien der Zukunft – Eine empirische Studie der Markeneffekte beim Co-Branding, Lohmar, Köln

Völckner, F.; Sattler, H. (2006): Drivers of Brand Extension Success, in: Journal of Marketing, Vol. 70, No. 2, S. 18-34.

Völckner, F.; Sattler, H.; Kaufmann, G. (2008): Image feedback effects of brand extensions: Evidence from a longitudinal field study, in: Market Letters, Vol. 19, No. 2, S. 109-124.

Wangenheim, F. von (2003): Weiterempfehlung und Kundenwert: Ein Ansatz zur persönlichen Kommunikation, Wiesbaden.

Weers, Jan-Philipp (2008): Markenimagekonfusion als Managementherausforderung: zum Problem einer gedächtnisbasierten und Point-of-sale-induzierten, verwirrenden Wahrnehmung von Marken, Wiesbaden.

Weiber, R.; Mühlhaus, D. (2010): Strukturgleichungsmodellierung: Eine anwendungsorientierte Einführung in die Kausalanalyse mit Hilfe von AMOS, SmartPLS und SPSS, Berlin, Heidelberg.

Weinberg, P. (1992): Erlebnismarketing, München.

Weinberg, P.; Diehl, S. (2001): Erlebniswelten für Marken, in: Esch, F.-R. (Hrsg.): Moderne Markenführung: Grundlagen – Innovative Ansätze – Praktische Umsetzungen, Wiesbaden, S. 183-207.

Wiesner, K. A.; Sponholz, U. (2007): Dienstleistungsmarketing, München.

Zajonc, R. B; Markus, H. (1982): Affective and Cognitive Factors in Preferences, in: Journal of Consumer Research, Vol. 9, No. 2, S. 123-131.

Zatloukal, G. (2002): Erfolgsfaktoren von Markentransfers, Wiesbaden.

Zimmer, M. R.; Bhat, S. (2004): The reciprocal effects of extension quality and fit on parent brand attitude, in: Journal of Product & Brand Management, Vol. 13, No. 1, S. 37-46.

MARKETING

Herausgegeben von Prof. Dr. Heribert Gierl, Augsburg, Prof. Dr. Roland Helm, Regensburg, Prof. Dr. Frank Huber, Mainz, und Prof. Dr. Henrik Sattler, Hamburg

Band 67
Frank Huber, Michael Lenzen, Sophie Vizethum und Isabelle Weißhaar
Erlebnis-Shopping Concept Stores – Eine empirische Analyse des Einkaufserlebnisses durch Lifestyle und Atmosphäre
Lohmar – Köln 2013 • 144 S. • € 43,- (D) • ISBN 978-3-8441-0231-4

Band 68
Frank Huber, Frederik Meyer und Isabelle Weißhaar
Die Rolle von Markenvertrauen für die Erreichung von Konsumzielen – Eine kausalanalytische Studie am Beispiel von gesunder Ernährung mit Functional Food
Lohmar – Köln 2013 • 164 S. • € 47,- (D) • ISBN 978-3-8441-0256-7

Band 69
Frank Huber, Frederik Meyer und Cecile Czarnowski
Wirkung affektiver und funktionaler Reputation auf das emotionale Markenerleben – Eine empirische Analyse am Beispiel der Marke Abercrombie & Fitch
Lohmar – Köln 2014 • 128 S. • € 42,- (D) • ISBN 978-3-8441-0332-8

Band 70
Frank Huber, Eva Appelmann und Michael Lenzen
Pay-What-You-Want – Konsumentenmotive freiwilliger Zahlungen im Rahmen partizipativer Preismechanismen
Lohmar – Köln 2016 • 132 S. • € 43,- (D) • ISBN 978-3-8441-0448-6

Band 71
Frank Huber, Frederik Meyer, Julia Hamprecht und Jasmin Fabian
Adaption gesellschaftlicher Trends durch Markentransfers – Eine empirische Analyse zur Identifikation relevanter Stellhebel für die Imageaktualisierung
Lohmar – Köln 2016 • 180 S. • € 48,- (D) • ISBN 978-3-8441-0449-3

JOSEF EUL VERLAG

Sabine Thomas
Diese Dinge verschwinden nicht so leicht